冰冻圈科学丛书

总主编：秦大河

副总主编：姚檀栋　丁永建　任贾文

国家科学技术学术著作出版基金资助出版

冰冻圈水文学

丁永建　张世强　陈仁升　等　著

科学出版社

北　京

内 容 简 介

本书从研究方法、水文过程、流域水文作用及全球水文影响等方面对冰冻圈水文学进行了系统论述。研究方法包括野外观测与试验、室内实验与分析、遥感与地理信息应用和数理统计与模型；水文过程着重从消融及产汇流过程、径流变化过程及泥沙与水化学三方面进行阐述；流域水文作用涉及水源涵养作用、径流补给作用、水资源调节作用和流域极端水文事件；全球水文影响主要从冰冻圈与大洋中的淡水组成、冰冻圈与全球水循环和冰冻圈与海平面变化三方面对冰冻圈的大尺度水文影响进行了讨论。

本书可供水文、冰冻圈、地理、地质、地貌、大气、生态、环境、海洋和区域经济社会可持续发展等领域有关科研和技术人员、大专院校相关专业师生使用，也可供在经济、社会、人文等领域和部门工作的同仁参考。

图书在版编目（CIP）数据

冰冻圈水文学/丁永建等著. —北京：科学出版社，2020.8
（冰冻圈科学丛书 / 秦大河总主编）
ISBN 978-7-03-065851-7

Ⅰ. ①冰… Ⅱ. ①丁… Ⅲ. ①冰川学–水文学 Ⅳ. ①P343.6

中国版本图书馆 CIP 数据核字（2020）第 149768 号

责任编辑：杨帅英 李 静/责任校对：杨 然
责任印制：赵 博/封面设计：图阅社

科学出版社 出版
北京东黄城根北街 16 号
邮政编码：100717
http://www.sciencep.com
北京建宏印刷有限公司印刷
科学出版社发行 各地新华书店经销
*
2020 年 8 月第 一 版 开本：787×1092 1/16
2025 年 1 月第四次印刷 印张：12 1/4
字数：300 000

定价：58.00 元
（如有印装质量问题，我社负责调换）

"冰冻圈科学丛书"编委会

本书编写组

主　　笔：丁永建　　张世强　　陈仁升

主要作者：韩添丁　　吴锦奎　　李向应　　韩海东

　　　　　赵求东　　秦　甲　　王生霞

丛书总序

习近平总书记提出构建人类命运共同体的重要理念，这是全球治理的中国方案，得到世界各国的积极响应。在这一理念的指引下，中国在应对气候变化、粮食安全、水资源保护等人类社会共同面临的重大命题中发挥了越来越重要的作用。在生态环境变化中，作为地球表层连续分布并具有一定厚度的负温圈层，冰冻圈成为气候系统的一个特殊圈层，涵盖冰川、积雪和冻土等地球表层的冰冻部分。冰冻圈储存着全球77%的淡水资源，是陆地上最大的淡水资源库，也被称为"地球上的固体水库"。

冰冻圈与大气圈、水圈、岩石圈及生物圈并列为气候系统的五大圈层。科学研究表明，在受气候变化影响的诸环境系统中，冰冻圈变化首当其冲，是全球变化最快速、最显著、最具指示性，也是对气候系统影响最直接、最敏感的圈层，被认为是气候系统多圈层相互作用的核心纽带和关键性因素之一。随着气候变暖，冰冻圈的变化及对海平面、气候、生态、淡水资源以及碳循环的影响，已经成为国际社会广泛关注的热点和科学研究的前沿领域。尤其是进入21世纪以来，在国际社会推动下，冰冻圈研究发展尤为迅速。2000年世界气候研究计划推出了气候与冰冻圈核心计划（WCRP-CliC）。2007年，鉴于冰冻圈科学在全球变化中的重要作用，国际大地测量和地球物理学联合会（IUGG）专门增设了国际冰冻圈科学协会，这是其成立80多年来史无前例的决定。

中国的冰川是亚洲十多条大江大河的发源地，直接或间接影响下游十几个国家逾20亿人口的生计。特别是以青藏高原为主体的冰冻圈是中低纬度冰冻圈最发育的地区，是我国重要的生态安全屏障和战略资源储备基地，对我国气候、气态、水文、灾害等具有广泛影响，又被称为"亚洲水塔"和"地球第三极"。

中国政府和中国科研机构一直以来高度重视冰冻圈的研究。早在1961年，中国科学院就成立了从事冰川学观测研究的国家级野外台站天山冰川观测试验站。1970年开始，中国科学院组织开展了我国第一次冰川资源调查，编制了《中国冰川目录》，建立了中国冰川信息系统数据库。1973年，中国科学院青藏高原第一次综合科学考察队成立，拉开了对青藏高原进行大规模综合科学考察的序幕。这是人类历史上第一次全面地、系统地对青藏高原的科学考察。2007年3月，我国成立了冰冻圈科学国家重点实验室，是国际上第一个以冰冻圈科学命名的研究机构。2017年8月，时隔四十余年，中国科学院启动了第二次青藏高原综合科学考察研究，习近平总书记专门致贺信勉励科学考察研究队。此后，中国科学院还启动了"第三极"国际大科学计划，支持全球科学家共同研究好、守护好世界上最后一方净土。

当前，冰冻圈研究主要沿着两条主线并行前进：一是深化对冰冻圈与气候系统之间相互作用的物理过程与反馈机制的理解，主要是评估和量化过去和未来气候变化对冰冻圈各分量的影响；二是以"冰冻圈科学"为核心，着力推动冰冻圈科学向体系化方向发展。以秦大河院士为首的中国科学家团队抓住了国际冰冻圈科学发展的大势，在冰冻圈科学体系化建设方面走在了国际前列，"冰冻圈科学丛书"的出版就是重要标志。这一丛书认真梳理了国内外科学发展趋势，系统总结了冰冻圈研究进展，综合分析了冰冻圈自身过程、机理及其与其他圈层相互作用关系，深入解析了冰冻圈科学内涵和外延，体系化构建了冰冻圈科学理论和方法。丛书以"冰冻圈变化—影响—适应"为主线，包括了自然和人文相关领域，内容涵盖冰冻圈物理、化学、地理、气候、水文、生物和微生物、环境、第四纪、工程、灾害、人文、地缘、遥感以及行星冰冻圈等相关学科领域，是目前世界上最全面系统的冰冻圈科学丛书。这一丛书的出版，不仅凝聚着中国冰冻圈人的智慧、心血和汗水，也标志着中国科学家已经将冰冻圈科学提升到学科体系化、理论系统化、知识教材化的新高度。在丛书即将付梓之际，我为中国科学家取得的这一系统性成果感到由衷的高兴！衷心期待以丛书出版为契机，推动冰冻圈研究持续深化、产出更多重要成果，为保护人类共同的家园——地球，作出更大贡献。

白春礼院士

中国科学院院长

"一带一路"国际科学组织联盟主席

2019 年 10 月于北京

丛书自序

　　虽然科研界之前已经有了一些调查和研究，但系统和有组织的对冰川、冻土、积雪等中国冰冻圈主要组成要素的调查和研究是从 20 世纪 50 年代国家大规模经济建设时期开始的。为满足国家经济社会发展建设的需求，1958 年中国科学院组织了祁连山现代冰川考察，初衷是向祁连山索要冰雪融水资源，满足河西走廊农业灌溉的要求。之后，青藏公路如何安全通过高原的多年冻土区，如何应对天山山区公路的冬春季节积雪、雪崩和吹雪造成的灾害，等等，一系列亟待解决的冰冻圈科技问题摆在了中国建设者的面前，给科技工作者提出了课题和任务。来自四面八方的年轻科学家齐聚在皋兰山下、黄河之畔的兰州，忘我地投身于研究，却发现大家对冰川、冻土、积雪组成的冰冷世界知之不多，认识不够。中国冰冻圈科学研究就是在这样的背景下，踏上了它六十余载的艰辛求索之路！

　　进入 20 世纪 70 年代末期，我国冰冻圈研究在观测试验、形成演化、分区分类、空间分布等方面取得显著进步，积累了大量科学数据，科学认知大大提高。20 世纪 80 年代以后，随着中国的改革开放，科学研究重新得到重视，冰川、冻土、积雪研究也驶入发展的快车道，针对冰冻圈组成要素形成演化的过程、机理研究，基于小流域的观测试验及理论等取得重要进展，研究区域上也从中国西部扩展到南极和北极地区，同时实验室建设、遥感技术应用等方法和手段也有了长足发展，中国的冰冻圈研究实现了国际接轨，研究工作进入了平稳、快速的发展阶段。

　　21 世纪以来，随着全球气候变暖进一步显现，冰冻圈研究受到科学界和社会的高度关注，同时，冰冻圈变化及其带来的一系列科技和经济社会问题也引起了人们广泛注意。在深化对冰冻圈自身机理、过程认识的同时，人们更加关注冰冻圈与气候系统其他圈层之间的相互作用及其效应。在研究冰冻圈与气候相互作用的同时，联系可持续发展，在冰冻圈变化与生物多样性、海洋、土地、淡水资源、极端事件、基础设施、大型工程、城市、文化旅游乃至地缘政治等关键问题上展开研究，拉开了建设冰冻圈科学学科体系的帷幕。

　　冰冻圈的概念是 20 世纪 70 年代提出的，科学家从气候系统的视角，认识到冰冻圈对全球变化的特殊作用。但真正将冰冻圈提升到国际科学视野始于 2000 年启动的世界气候研究计划-气候与冰冻圈核心计划（WCRP-CliC），该计划将冰川（含山地冰川、南极冰盖、格陵兰冰盖和其他小冰帽）、积雪、冻土（含多年冻土和季节冻土），以及海冰、冰架、冰山、海底多年冻土和大气圈中冻结状的水体视为一个整体，即冰冻圈，首次将冰冻圈列为组成气候系统的五大圈层之一，展开系统研究。2007 年 7 月，在意大利佩鲁贾举行的第 24 届国际大地测量与地球物理学联合会（IUGG）上，原来在国际水文科学协会（IAHS）下设的国际雪冰科学委员会（ICSI）被提升为国际冰冻圈科学协会（IACS），升格为一级学科。这是 IUGG 成立八十多年来唯一的一次机构变化。"冰冻圈科学"(cryospheric science, CS)这一术语始见于国际计划。

在 IACS 成立之前，国际社会还在探讨冰冻圈科学未来方向之际，中国科学院于 2007 年 3 月在兰州成立了世界上第一个以"冰冻圈科学"命名的"冰冻圈科学国家重点实验室"，同年 7 月又启动了国家重点基础研究发展计划（973 计划）项目——"我国冰冻圈动态过程及其对气候、水文和生态的影响机理与适应对策"。中国命名"冰冻圈科学"研究实体比 IACS 早，在冰冻圈科学学科体系化方面也率先迈出了实质性步伐，又针对冰冻圈变化对气候、水文、生态和可持续发展等方面的影响及其适应展开研究，创新性地提出了冰冻圈科学的理论体系及学科构成。中国科学家不仅关注冰冻圈自身的变化，更关注这一变化产生的系列影响。2013 年启动的国家重点基础研究发展计划 A 类项目（超级 973）"冰冻圈变化及其影响"，进一步梳理国内外科学发展动态和趋势，明确了冰冻圈科学的核心脉络，即变化—影响—适应，构建了冰冻圈科学的整体框架——冰冻圈科学树。在同一时段里，中国科学家 2007 年开始构思，从 2010 年起先后组织了六十多位专家学者，召开 8 次研讨会，于 2012 年完成出版了《英汉冰冻圈科学词汇》，2014 年出版了《冰冻圈科学辞典》，匡正了冰冻圈科学的定义、内涵和科学术语，完成了冰冻圈科学奠基性工作。2014 年冰冻圈科学学科体系化建设进入到一个新阶段，2017 年出版的《冰冻圈科学概论》（其英文版将于 2020 年出版）中，进一步厘清了冰冻圈科学的概念、主导思想，学科主线。在此基础上，2018 年发表的 *Cryosphere Science: research framework and disciplinary system* 科学论文，对冰冻圈科学的概念、内涵和外延、研究框架、理论基础、学科组成及未来方向等以英文形式进行了系统阐述，中国科学家的思想正式走向国际。2018 年，由国家自然科学基金委员会和中国科学院学部联合资助的国家科学思想库——《中国学科发展战略·冰冻圈科学》出版发行，《中国冰冻圈全图》也在不久前交付出版印刷。此外，国家自然科学基金 2017 年重大项目"冰冻圈服务功能与区划"在冰冻圈人文研究方面也取得显著进展，顺利通过了中期评估。

一系列的工作说明，是中国科学家的深思熟虑和深入研究，在国际上率先建立了冰冻圈科学学科体系，中国在冰冻圈科学的理论、方法和体系化方面引领着这一新兴学科的发展。

围绕学科建设，2016 年我们正式启动了"冰冻圈科学丛书"（以下简称《丛书》）的编写。根据中国学者提出的冰冻圈科学学科体系，《丛书》包括《冰冻圈物理学》《冰冻圈化学》《冰冻圈地理学》《冰冻圈气候学》《冰冻圈水文学》《冰冻圈生物学》《冰冻圈微生物学》《冰冻圈环境学》《第四纪冰冻圈》《冰冻圈工程学》《冰冻圈灾害学》《冰冻圈人文学》《冰冻圈遥感学》《行星冰冻圈学》《冰冻圈地缘政治学》分卷，共计 15 册。内容涉及冰冻圈自身的物理、化学过程和分布、类型、形成演化（地理、第四纪），冰冻圈多圈层相互作用（气候、水文、生物、环境），冰冻圈变化适应与可持续发展（工程、灾害、人文和地缘）等冰冻圈相关领域，以及冰冻圈科学重要的方法学——冰冻圈遥感学，而行星冰冻圈学则是更前沿、面向未来的相关知识。《丛书》内容涵盖面之广、涉及知识面之宽、学科领域之新，均无前例可循，从学科建设的角度来看，也是开拓性、创新性的知识领域，一定有不少不足，甚至谬误，我们热切期待读者批评指正，以便修改、补充，不断深化和完善这一新兴学科。

这套《丛书》除具备学术特色，供相关专业人士阅读参考外，还兼顾普及冰冻圈科学知识的目的。冰冻圈在自然界独具特色，引人注目。山地冰川、南极冰盖、巨大的冰山和大片的海冰，吸引着爱好者的眼球。今天，全球变暖已是不争事实，冰冻圈在全球气候变化中的作用日渐突出，大众的参与无疑会促进科学的发展，迫切需要普及冰冻圈科学知识。希望《丛书》能起到"普及冰冻圈科学知识，提高全民科学素质"的作用。

《丛书》和各分册陆续付梓之际，冰冻圈科学学科建设从无到有、从基本概念到学科体系化建设、从初步认识到深刻理解，我作为策划者、领导者和作者，感慨万分！历时十三载，"十年磨一剑"的艰辛历历在目，如今瓜熟蒂落，喜悦之情油然而生。回忆过去共同奋斗的岁月，大家为学术问题热烈讨论、激烈辩论，为提高质量提出要求，严肃气氛中的幽默调侃，紧张工作中的科学精神，取得进展后的欢声笑语，……，这一幕幕工作场景，充分体现了冰冻圈人的团结、智慧和能战斗、勇战斗、会战斗的精神风貌。我作为这支队伍里的一员，倍感自豪和骄傲！在此，对参与《丛书》编写的全体同事表示诚挚感谢，对取得的成果表示热烈祝贺！

在冰冻圈科学学科建设和系列书籍编写的过程中，得到许多科学家的鼓励、支持和指导。已故前辈施雅风院士勉励年轻学者大胆创新，砥砺前进；李吉均院士、程国栋院士鼓励大家大胆设想，小心求证，踏实前行；傅伯杰院士在多种场合给予指导和支持，并对冰冻圈服务提出了前瞻性的建议；陈骏院士和地学部常委们鼓励尽快完善冰冻圈科学理论，用英文发表出去；张人禾院士建议在高校开设课程，普及冰冻圈科学知识，并从大气、海洋、海冰等多圈层相互作用方面提出建议；孙鸿烈院士作为我国老一辈科学家，目睹和见证了中国从冰川、冻土、积雪研究发展到冰冻圈科学的整个历程。中国科学院院长白春礼院士也对冰冻圈科学给予了肯定和支持，等等。在此表示衷心感谢。

《丛书》从《冰冻圈物理学》依次到《冰冻圈地缘政治学》，每册各有两位主编，分别是任贾文和盛煜、康世昌和黄杰、刘时银和吴通华、秦大河和罗勇、丁永建和张世强、王根绪和张光涛、陈拓和张威、姚檀栋和王宁练、周尚哲和赵井东、吴青柏和李志军、温家洪和王世金、效存德和王晓明、李新和车涛、胡永云和杨军以及秦大河和杜德斌。我要特别感谢所有参加编写的专家，他们年富力强，都承担着科研、教学或生产任务，负担重、时间紧，不求报酬和好处，圆满完成了研讨和编写任务，体现了高尚的价值取向和科学精神，难能可贵，值得称道！

在《丛书》编写过程中，得到诸多兄弟单位的大力支持，宁夏沙坡头沙漠生态系统国家野外科学观测研究站、复旦大学大气科学研究院、云南大学国际河流与生态安全研究院、海南大学生态与环境学院、中国科学院东北地理与农业生态研究所、延边大学地理与海洋科学学院、华东师范大学城市与区域科学学院、中山大学大气科学学院等为《丛书》编写提供会议协助。秘书处为《丛书》出版做了大量工作，在此对先后参加秘书处工作的王文华、徐新武、王世金、王生霞、马丽娟、李传金、窦挺峰、俞杰、周蓝月表示衷心的感谢！

秦大河

中国科学院院士

冰冻圈科学国家重点实验室学术委员会主任

2019 年 10 月于北京

前 言

冰冻圈作为气候系统的一个重要圈层，其影响受到越来越广泛的关注，其中冰冻圈的水文影响，是全球关注的重点之一。冰冻圈的固液态相变水文特性及对气候变化的敏感属性使其在流域、区域乃至全球水文循环中显示出独特而重要的作用。随着气候变化影响的不断加剧，从北极到青藏高原，从安第斯山到阿尔卑斯山，从内陆河流域到西伯利亚，从高纬度海洋到全球海平面变化，冰冻圈变化的水文影响已经不断显现，冰冻圈水文已经成为全球变化中的水问题热点。冰冻圈水文学正是应国际全球变化研究大势、顺应冰冻圈科学发展所需而形成的一门新兴学科。

与冰冻圈要素相关的水文研究已有较长的历史，如冰川水文学、积雪水文学等已经形成了以方法论为基础的学科构架，它们要么归属于冰川学的分支、要么成为水文学的一个特殊部分。在过去的学科体系化研究中，往往将与冰冻圈多要素相关的水问题归结为"寒区水文"或"冻土水文"。国际上以加拿大学者的"冻土水文学"提法为代表，并将冰川、积雪和河/湖冰水文均纳入其中。中国学者更多使用"寒区水文"提法，2017年我们团队在总结过去研究成果的基础上，出版了《寒区水文导论》，对冰川、冻土、积雪、河湖冰、海冰等的水文过程与学科特点进行了综合梳理。无论是"冻土水文学"还是"寒区水文学"，均是将冰冻圈某一要素贯通始终，从纵向角度开展研究。例如，在寒区水文学科体系中，冰川水文、冻土水文、积雪水文、河湖冰水文及海冰水文等分别从水的形成（产汇流过程）、变化（冰的增加减少）和影响（在流域、区域及全球中的径流和水资源作用）进行论述。与之相比，冰冻圈水文学将传统的以冰冻圈要素为主线的学科体系进行了高度综合，将冰冻圈诸要素纳入一体，从冰冻圈整体的视角，在方法—过程—作用—影响这一主线上构建学科体系，其中方法是基础，过程是核心，作用是从流域尺度关注冰冻圈的水文功能，影响是从区域乃至全球尺度上考虑冰冻圈水文所产生的后果。可见，在冰冻圈水文学科学体系中，与冰川、冻土、积雪、河湖冰等相关的水-热过程，及冰冻圈诸要素在流域水文中的作用等是在同一框架内介绍的。此外，寒区具有地域属性、范围与边界不是很确切，科学内涵没有冰冻圈水文直接明了。

冰冻圈水文学作为冰冻圈科学体系中的一个重要分支，是在整个冰冻圈科学体系框架下重新进行学科梳理和组构而成的。本书是目前世界上第一部关于"冰冻圈水文学"的专著。它的完成并付梓出版，具有重要标志性意义，既标志着中国科学家在"冰冻圈水文学"学科理论和方法上迈出了实质性的步伐，也标志着整个冰冻圈科学学科体系建设已经走在了国际前列。冰冻圈水文学既是冰冻圈科学体系中的重要组成部分，也是水文学的新分支学科，既可与冰冻圈科学中的其他分支学科相互补充、相互借鉴，也可作为独立学科，自成体系。

本书由丁永建研究员组织、确定学科总纲，并与一批长期从事冰冻圈水文研究的学者反复讨论，经过七易其稿而成。写作过程中召开了五次编写组会议，历经三次"冰冻圈科学丛书"编委会会议审稿。不仅参加编写的人员付出了艰辛的努力，而且"冰冻圈科学丛书"编委会成员也对本书的最后形成提出了宝贵意见，在此对他们的贡献表示由衷感谢！

参加本书写作的人员有丁永建（第1、7章）、张世强（第1、3、4章）、陈仁升（第6章）、韩添丁（第3章）、吴锦奎（第5章）、李向应（第2、5章）、韩海东（第2、3章）、赵求东（第2、4章）、秦甲（第6章）和王生霞（第1、7章）。王生霞兼任学术秘书，为专著完成做了大量保障工作，在此深表谢意。

本书得到国家自然科学基金重点项目"西北内陆河山区流域水文内循环过程及机理研究"（41730751）和"干旱区典型山区流域水量平衡观测试验与模拟研究"（41130638）、国家自然科学基金创新群体项目"冰冻圈与全球变化"（41421061）、国家重大研发计划项目"变化环境下西北内陆区多尺度水循环过程与系统模拟"（2017YFC0404302）等项目资助，得到冰冻圈科学国家重点实验室和中国科学院内陆河流域生态水文重点实验室的支持。

"冰冻圈科学丛书"秘书组王文华、徐新武、王世金、王生霞、马丽娟、李传金、俞杰和周蓝月在专著研讨、会议组织、材料准备等方面进行了大量工作，保障了专著的顺利编写和出版。在本书即将付印之际，对他们的无私奉献表示衷心感谢！

丁永建

2019 年 6 月 25 日于兰州

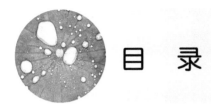

目　录

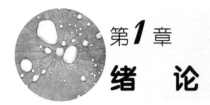

第 *1* 章

绪　论

冰冻圈水文学是研究冰冻圈诸要素水文过程和机理，及其水文作用和影响的学科。冰冻圈水文学是随着冰冻圈科学的发展而提出的，是一门新兴的、具有特殊水文属性的学科。因此，在开展系统的学科论述前，有必要先了解冰冻圈水文学与冰冻圈科学、传统寒区水文学的关系，及其研究意义、学科特点、主要内容及中国相关研究的发展历程。

1.1　冰冻圈科学与冰冻圈水文学

冰冻圈水文学源自于冰冻圈科学，是水文学的一个特殊领域，同时由于其研究对象均处于寒冷地区，传统上又将与冰冻圈诸要素相关的水文研究称为寒区水文。因此有必要先理清它们之间的关系。

1.1.1　冰冻圈水文学与冰冻圈科学的关系

冰冻圈科学是研究冰冻圈形成和演化规律、与其他圈层之间相互作用机理，尤其是对其他圈层影响及其适应机制的科学。冰冻圈水文学是冰冻圈科学各分支学科与水文学交叉而衍生的学科，是冰冻圈科学的重要组成部分，同时也是水文学的研究对象。冰冻圈水文学是伴随冰冻圈科学同步发展的，其众多研究分支或领域与冰冻圈科学诸要素密切相关。从水文学视角研究冰冻圈要素的水文效应、水循环作用及水资源功能是冰冻圈水文学关注的重点。

在冰冻圈科学体系中，冰冻圈水文学处于与其他圈层之间相互作用（图 1.1）及影响和适应这个层级上，但在研究冰冻圈水文学时，冰冻圈要素的形成规律和变化过程是理解冰冻圈水文学的学科基础。

冰冻圈水文学是一门传统而又新兴的学科。说其传统，在冰冻圈研究初始，冰川融水、冻土水热过程、融雪水文等的研究就受到关注。随着冰冻圈研究的深入和发展，形成了冰川水文学、冻土水文学、积雪水文学等一些分支学科。说其新兴，是由于随着全球气候变化对冰冻圈的影响越来越显著，冰冻圈诸要素的水文过程及影响受到广泛关注，与冰冻圈相关的水问题已经不能从传统单一冰冻圈要素水文的角度去理解其过程和影

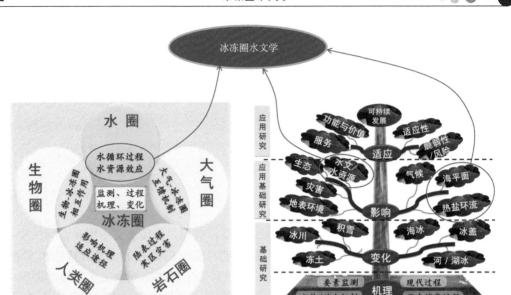

图 1.1   冰冻圈科学研究范畴（a）和研究内容（b）及其与冰冻圈水文学关系（据 Qin et al.,2018）

响，需要从冰冻圈科学的视角研究冰冻圈的水问题，从而推动了冰冻圈水文学的形成，从这种意义上，冰冻圈水文学是一门全新的学科。

1.1.2   冰冻圈水文与寒区水文

在冰冻圈要素中，除不稳定积雪（积雪日数少于 2 个月）和短时冻土（冻结时间小于 15 天）外，能够稳定或长期存留的冰冻圈要素往往形成于寒冷地区，因此，过去更多地将与冰冻圈水文有关的水文研究称为寒区水文。但对于寒区的界定没有统一标准，一般泛指高纬度和高海拔寒冷地区，其概念来源于冰冻圈作用区内不同对象受冰冻圈要素变化的影响程度。通常，冰冻圈范围内的水文过程、生态系统、工程建设等均不同程度受到冰冻圈及其变化的影响。相对而言，寒区水文产、汇流及径流过程，生态系统的结构、功能与时空分布格局，地表的冻胀、融沉对工程的危害等受冰冻圈要素的影响较为深刻，对冰冻圈要素变化的依赖性更为紧密。在寒区，冰冻圈与水圈、生物圈和地表环境之间是寒区气候的作用结果，同时，冰冻圈变化又对寒区水文过程、生态系统和地表环境具有一定程度的主导性。因此，寒区是指其作用范围内冰冻圈要素的变化对受影响对象产生显著效果，或受影响对象对冰冻圈要素具有高度依赖性的地区。

综上可见，寒区可看作是冰冻圈影响的核心区，但不是冰冻圈的全部范围，其范围远远小于冰冻圈。寒区范围可采用一些温度指标进行划分，但寒区内的一些标志性指标（如河流、湖泊的封冻期天数，固态降水占比）如何选取，存在较大争议。一般地，将稳定积雪区所覆盖的范围视为寒区，其范围基本包括了冰冻圈要素中的冰川、冰盖、稳定积雪、多年冻土、海冰及河冰、湖冰所在的区域，但不稳定积雪区和部分季节冻土区除外。若按此范围划分，全球寒区范围约为 $0.6×10^8km^2$，占陆地面积的 40%（丁永建等，2017）。

理论上，冰冻圈水文研究应涉及冰冻圈所有区域的水文现象和规律，寒区水文主要涉及冰冻圈核心区的水文问题。就目前的研究程度而言，冰冻圈水文和寒区水文均主要集中在水文要素表现较活跃、影响较显著的冰冻圈因子上。宏观上，寒区水文与冰冻圈水文的研究内容一致，主要区别在于寒区水文更多是从冰冻圈不同要素水文过程的视角开展研究，而冰冻圈水文学更多是从冰冻圈不同要素的共同属性的视角进行研究（图1.2）。换言之，寒区水文是将冰冻圈某一要素贯通始终，从纵向角度开展研究，而冰冻圈水文学是将冰冻圈诸要素尽可能相关联，从横向角度认识冰冻圈水文规律。例如，在寒区水文学科体系中，冰川水文、冻土水文、积雪水文、河/湖冰水文及海冰水文等分别从水的形成（产汇流过程）、变化（冰的增加减少）和影响（在流域、区域及全球中的径流和水资源作用）进行论述，而在冰冻圈水文学科学体系中，与冰川、冻土、积雪、河/湖冰等相关的水-热过程，冰冻圈诸要素在流域水文中的作用等是在同一框架内介绍的。此外，寒区具有地域属性、范围与边界不是很确切，科学内涵没有冰冻圈水文直接明了。

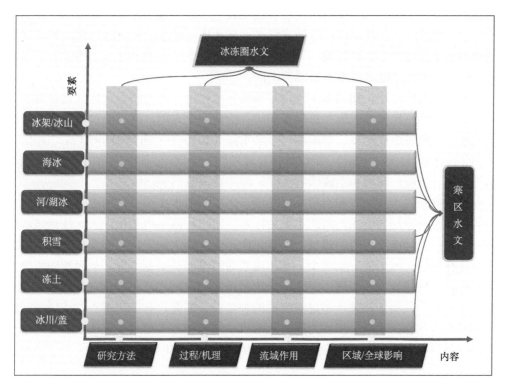

图 1.2　冰冻圈水文与寒区水文关系

1.2 冰冻圈水文学研究意义

冰冻圈水文学通过揭示其水文过程和机理为水资源持续利用提供科学依据，同时，其也在生态保护和灾害防治领域有重要的科学价值。此外，冰冻圈跨境河流具有显著的地缘效应，大尺度冰冻圈水循环影响大洋环流和海平面变化。

1.2.1 冰冻圈与淡水资源

冰冻圈的水文功能主要表现在三个方面：水源涵养、径流补给和水资源调节。水源涵养功能主要表现在，冰冻圈发育于高海拔、高纬度地区，是世界上众多大江大河的发源地。以青藏高原为主体的冰冻圈，是长江、黄河、塔里木河、怒江、澜沧江、伊犁河、额尔齐斯河、雅鲁藏布江、印度河、恒河等著名河流的源区。冰冻圈作为水源地不同于降水型源地，其以固态水转化为液态水的方式形成水源，其释放的是过去积累的水量，即使在干旱少雨时期，它仍然会源源不断输出水量，其水源的枯竭需要经历较大和长周期气候波动。冰冻圈的水源涵养功能还表现在其"冷岛"效应方面，寒冷的冰冻圈环境利于高空水汽凝结，在高海拔冰冻圈聚集区，往往形成降水的高值区，使高海拔冰冻圈区域成为整个流域的"湿岛"，这一湿岛保障了寒区生物的发育和生长，通过生态水文涵养过程进一步强化了冰冻圈的水源涵养功能。

冰冻圈被人们广泛认知的水文作用是径流补给作用。作为固态水体，其自身就是重要的水资源，其资源属性表现在总储量和年补给量两个方面，冰冻圈对河流的年补给量是地表径流的重要组成部分。中国冰川年融水量（2010 年）约为 $780 \times 10^8 m^3$，超过黄河入海的年总水量（$600 \times 10^8 m^3$）。全国冰川径流量约为全国河川径流量的 2.8%，相当于我国西部甘肃、青海、新疆和西藏四省（区）河川径流量的 10.5%。

对比冰冻圈的水源涵养和水量补给功能，冰冻圈的水文调节作用更为重要。这主要表现为，在没有冰川的流域，河流主要为降水补给，径流年内变化很大，径流过程很不"稳定"。而在有冰冻圈覆盖的流域，丰水年由于流域降水偏多，分布在极高山区的冰川区气温往往偏低，冰川消融量减少，冰川融水对河流的补给量下降，从而削弱了降水偏多而引起的流域径流增加幅度；反之，当流域降水偏少时，冰川区相对偏高的温度导致冰川融水增加，从而弥补降水不足对河流的补给量。如此，有冰川覆盖的流域河流径流处于相对稳定状态，表明冰川作为固体水库以"削峰填谷"形式表现出了显著的调节径流丰枯变化作用，这对干旱区绿洲水资源利用是十分有利的。

1.2.2 冰冻圈与寒区生态

冰冻圈水文变化影响寒区河川径流、湖泊湿地等水域的变化，进而通过水循环的改变影响生态系统的变化。在我国干旱区内陆河流域，高山冰川-山前绿洲-尾闾湖泊构成的流域生态系统中（图 1.3），冰川是我国干旱区绿洲稳定和发展的生命之源，冰川进退

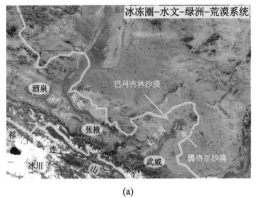

图 1.3　内陆河流域（a）和青藏高原（b）冰冻圈-水文-生态关系

对绿洲萎扩和湖泊消涨具有重要的调节和稳定作用。事实上正是冰川和积雪的存在，才使得我国深居内陆腹地的干旱区形成了许多人类赖以生存的绿洲，也使得我国干旱区有别于世界上其他地带性干旱区。这种冰川积雪-绿洲景观及其相关的水文、生态系统稳定和持续存在的核心是冰川和积雪，没有冰川和积雪就没有绿洲，也就没有在那里千百年来生息的人民。

在高纬度地区及青藏高原，冰冻圈变化除直接影响一些大江大河源区的水文情势外，还与湖泊消涨、沼泽湿地变化有密切联系。冰川变化影响周围地区的水循环过程，进而影响到源区生态与环境。多年冻土活动层特殊的水热交换是维持高寒生态系统稳定的关键所在，冻土区的高寒沼泽湿地和高寒草甸生态系统具有显著的水源涵养功能，是稳定江河源区水循环与河川径流的重要因素。冻土变化是导致江河源区高寒草甸与沼泽湿地大面积退化的主要原因。总之，在高原、高纬度地区，冰冻圈-河流-湖泊-湿地紧密相连，在干旱区内陆河流域，冰冻圈-河流-绿洲-尾闾湖泊-荒漠不可分割，冰冻圈变化对寒区生态系统具有牵一发而动全身的作用。中国西部生态建设与水源保护重大工程，如"三江源"国家公园、塔里木河综合治理工程、西藏生态屏障工程、祁连山生态保护工程及天山自然保护区等均与冰冻圈水文影响息息相关。

在南、北极地区，冰冻圈融化的冷水、淡水对海洋生态亦具有显著影响。冰冻圈融化的"冷水效应"可以改变高纬度大洋温度，而其"淡水效应"也可以改变大洋温度。在全球变暖背景下，持续的冰冻圈融水进入海洋，改变了海洋生态系统的生存环境，从而对海洋生态系统产生影响。在陆地高海拔流域，冰冻圈变化也会对湖泊生态系统产生同样的影响。

高山冰冻圈融水对流域生物地球化学过程具有重要影响。冰冻圈作用区强烈侵蚀、风化的大量松散堆积物及冰川表面长期累积的物理、化学及生物物质随着冰川融水的搬运进入下游湖泊、农田、草地等，不仅影响湖泊的温度、浊度、营养物等，还会影响农田和草地的土壤成分和营养成分。实际上，在内陆河流域，绿洲农田的土壤物理、化学和生物组成与上游冰冻圈地区的物质组成不无关系，即绿洲土壤的生物地球化学成分重要来源之一是冰冻圈侵蚀和积累的物质在冰冻圈水文作用下携带出山，并长期积累的结果。

1.2.3　冰冻圈与灾害

冰川、积雪融水可形成洪水，影响出山口低地人类聚集区经济、交通及生命财产（图1.4）。高纬度及高海拔积雪，在融雪期由于冻土活动层尚未融化，前期积雪量较大，或升温较快且高，往往会形成融雪型洪水并引发灾害。融雪型洪水分为山区型和平原型，在高海拔地区往往形成山区型洪水，如天山、喜马拉雅山、阿尔泰山等地，是山区型融雪洪水多发区。2010年3月新疆北部升温与雨雪天气反复交错，导致伊犁、阿勒泰、塔城等地融雪型洪水频发，部分地区交通屡次受阻，异常的天气变化给群众的生产生活造成很大损失，其中伊犁河谷31万人受灾，1万多座温室大棚、2万多座房屋倒塌，4万多头牲畜死亡。在高纬度地区，除山区型融雪洪水外，还有平原型融雪洪水，影响更加广泛。

(a)　　　　　　　　　　　　　　　　　　(b)

图1.4　融雪型洪水灾害示例

（a）2011年1月，由于气温持续上升形成冰雪融化，致使莱茵河、摩泽尔河及奥得河水位快速上涨，导致部分地区形成灾害。图为德国科赫姆市摩泽尔河水位上涨淹没堤岸。（b）2010年4月新疆阿勒泰富蕴县发生融雪型洪水。图为富蕴县吐尔洪乡道路被洪水冲断，村民在临时搭建的木桥上行走

冰川消融型洪水一般发生在消融最大的7～8月，在前期持续高温影响下，冰川消融加剧，形成洪水。融冰型洪水由于冻土已经融化，其对泥沙搬运能力也大大增强，因此，融冰型洪水往往会形成泥石流，对下游的危害性也增大（图1.5）。融雪型洪水和融冰型洪水与降水型洪水叠加，往往形成混合型洪水，影响更加严重。

另外，冰湖溃决型洪水也是冰冻圈水文的重要研究内容，溃决洪水具有突发、快速、能量大等特点，对下游影响更具威胁，但由于其形成机制复杂、预测困难，难以预防，造成的灾害往往也较大。

(a) (b)

图 1.5 冰川融水型泥石流阻塞川藏公路（a），交通中断（2010 年 7 月 31 日）。冰川泥石流过后在沟内形成的泥石流堆积物（b）

1.2.4 冰冻圈与水资源的地缘效应

冰冻圈影响的跨境河流众多，如何系统认识冰冻圈变化的水文、水资源效应，不仅关系到所在国家的可持续发展，而且也涉及其周边国家的水资源利用，故一旦冰冻圈水资源变化出现拐点，必导致河川径流发生显著变化，并引发国际问题，备受国际上的关注。一些国际组织纷纷发出警示，如联合国发展署发布的《人类发展报告》中指出，中亚、南亚和青藏高原"未来 50 年冰川融化可能是对人类进步和粮食安全最严重的威胁之一"。世界银行在《世界发展指数 2005 年》中也指出，未来 50 年喜马拉雅山（青藏高原）冰川变化将严重影响那里的河川径流。但问题的关键是冰冻圈所在国的冰冻圈水资源对下游影响到底有多大，也就是影响的时间尺度多长、空间范围多大，对这些定量影响程度的理解是十分重要的，否则将带来上、下游国家之间的一系列猜忌误解，甚至引发国际争端。中国许多冰川融水流出境外，也有一些国外冰川融水补给中国境内河流。因此，掌握冰冻圈水文变化的过程、量值、影响的时空尺度是国际水谈判的重要科学依据。

1.2.5 冰冻圈与全球水循环

从水文角度看，冰冻圈也可看作是固态水圈。在长期的历史演进过程中，冰冻圈这一固态水圈与海洋液态水圈之间的固-液相变过程影响着全球水循环的变化过程，并深刻影响着全球与区域水、生态和气候的变化。从全球水量平衡来看，冰冻圈的扩张，意味着液态水的减少和水循环的减弱，反之亦然。在万年尺度的冰期-间冰期循环及千年尺度、Dansgaard-Oeschger（D-O）波动的间冰段过程中，以全球陆地冰范围和海平面为标志的固-液态水发生了显著的消涨进退变化，这种变化通过固-液水循环相变过程将大气、海洋、陆地和生态系统紧密地联系在一起，成为气候系统变化过程中起纽带性的关键因素之一。随着人为气候影响的不断凸显，全球冰冻圈正在发生着显著变化，冰冻圈的水文影响对全球和区域水循环过程的改变不仅关联着全球水圈的变化，同时对区域可持续发展的影响也日益彰显。

1.3　研究内容与学科特点

作为一门在学科体系上全新的学科，重新梳理和构建冰冻圈水文学的研究内容、学科特点及学科体系组成，可从以下三方面进行讨论。

1.3.1　研究内容

宏观上，冰冻圈水文学包含两方面的内容：一是研究冰冻圈诸要素自身的水文机理和变化过程，包括研究方法、产汇流过程、径流变化，以及泥沙和水文化学过程等；二是研究冰冻圈水文在流域、区域乃至全球尺度的影响。

冰冻圈包括陆地冰冻圈（冰川、冰盖、冻土、积雪、河冰、湖冰等）、海洋冰冻圈（海冰、冰架、冰山等）和大气冰冻圈（降雪、雪花、冰晶）。冰冻圈水文学研究对象更多地集中在陆地冰冻圈，海洋冰冻圈更多关注大尺度水文影响，大气冰冻圈中降雪是主要内容，如降雪/雨比例、降雪过程对径流的影响。

冰冻圈诸水文要素具有独特的产流、汇流过程和变化规律，同时，又都具有产汇流过程与气温的波动紧密联系的特征，但如何将冰冻圈诸要素的水文过程有机联系并突出各自特殊的水文特性，是冰冻圈水文学学科构建上的关键问题。为此，在学科总体思路上，以方法—过程—作用—影响为主线，针对这一主线上的各个环节对应具体学科内容（图1.6）。在这一框架下，将冰冻圈水文学的主要内容分述如下。

在研究方法方面，归纳起来主要有野外观测试验、室内实验分析、遥感与地理信息应用及数理统计分析与模型模拟。在过程方面，主要涉及消融与产汇流过程、径流变化过程及泥沙与水化学过程三大方面，同时，这些也是冰冻圈水文学的核心内容。产汇流过程主要包括冰雪积累与消融、冰雪汇流过程、冻土冻融与产汇流过程和河/湖/海冰生消与迁移过程；径流变化过程，包括日内、日、月、季节、年、年际和未来变化，以及冰冻圈水资源的动态过程；泥沙与水文化学过程包括冰冻圈径流中携带的泥沙输移过程、水体中的水化学过程和生物地球化学过程，以及水化学方法在水文研究中的应用。

上述内容主要与冰冻圈诸要素自身的水文属性有关，当冰冻圈融水形成进入汇水流域后，将与降水径流混合，在流域不同地段范围，由于融水径流比例及冻土下垫面水文影响的差异，对河流径流的作用也就有所不同，这就涉及流域尺度冰冻圈诸要素的不同水文作用及冰冻圈水文的综合作用；而在区域乃至全球尺度上，冰冻圈水文主要涉及大气-海洋相互作用、海平面变化和对大洋环流影响等内容。

1.3.2　学科特点

与其他学科相比，冰冻圈水文学具有如下六个学科特点。

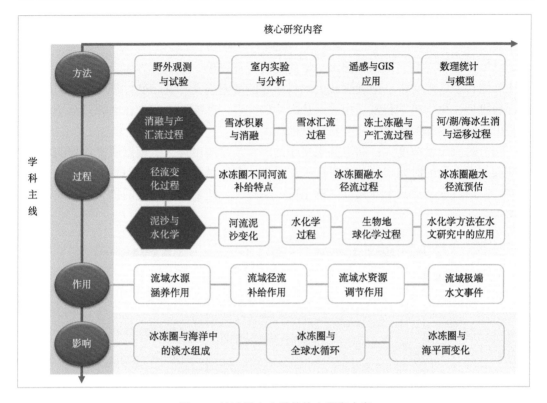

图 1.6　冰冻圈水文学的核心研究内容

（1）物理相变性：冰冻圈水文的核心是相变。冰冻圈水文学与传统水文学的最大差异是以水分的气-液-固态之间的相变过程中所发生的水分、能量、质量，以及溶质等变化过程为核心。鉴于水分在相变过程中所产生的巨大能量交换，进一步影响到大气圈、冰冻圈、水圈、生物圈乃至岩石圈中的相互作用，这是联系冰冻圈科学中其他过程的纽带。

（2）气候敏感性：不同冰冻圈要素的水文过程对气候变化的响应差异很大，但冰冻圈诸要素对气候变化的高度敏感是其共性。在同一流域内，不同冰冻圈要素共同作用于河川径流，导致冰冻圈地区的河川径流对气候变化非常敏感，且响应过程复杂。要准确预估冰冻圈流域的径流变化，就必须利用多源数据、多试验手段、多模型、多角度分析不同冰冻圈要素的未来变化及其对水文过程的影响。

（3）野外试验性：野外试验性强是冰冻圈水文学的一大特点。一方面，冰冻圈主要分布在高寒或高纬度地带，自然环境恶劣，野外观测难度大，导致研究所需的实验数据十分有限。另一方面，冰冻圈水文学不仅要考虑不同介质和不同尺度的水分循环和平衡，还要考虑能量平衡、质量平衡，对观测试验的要求高，故冰冻圈水文学需要开展大量的野外多手段观测和监测。

（4）外溢性特点：冰冻圈水文学不仅研究冰冻圈自身的水文过程，还更加关注冰冻圈以外的水文影响，这种外溢影响涉及流域、区域乃至全球。因此，冰冻圈水文研究对相关地区水资源的形成过程，不同组分的水文作用，以及不同组分在未来气候变化情景下的变化等科学问题的理解都与流域整体的水资源短期、中期和长期的持续利用密切相关。

（5）多学科交叉性：冰冻圈水文学的交叉特点突出。从机理方面看，冰冻圈水文学与冰冻圈科学、水文学、地理学和大气科学等的紧密交叉，其相变过程和关联的水化学过程与物理、化学等学科密切相关；从影响研究看，冰冻圈水文学在区域乃至全球的影响与可持续发展和经济学等社会科学紧密相关。

（6）时空尺度跨度大：冰冻圈水文学的时空尺度跨度巨大。根据研究内容的不同，冰冻圈水文涉及的时间尺度从小时到千年以上，甚至是更长时间，但本书关注的是千年尺度。空间尺度从点到全球尺度（图 1.7）。总体上，随着空间尺度的扩大，时间尺度也在增大。

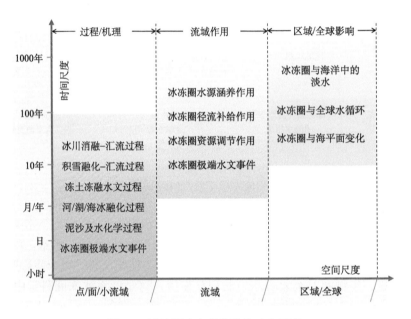

图 1.7　冰冻圈水文学关注的时空尺度

1.3.3　学科体系组成

从冰冻圈诸要素的基本属性视角，综合冰冻圈诸要素的共性及差异性水文特点，将冰冻圈水文学作为一门独立学科来构建其学科体系，还没有前例可循。在现有研究基础和科学认识水平上，本书以冰冻圈水文研究方法、产汇流过程、径流变化、泥沙与水化学过程、流域冰冻圈水文功能及全球冰冻圈水文影响等六个方面作为冰冻圈水文学核心组成内容，打破了以往以冰冻圈要素为基础，从冰川水文、积雪水文、冻土水文、河/湖/海冰水文等分支学科分别展开论述的传统学科体系（图 1.8）。

传统的寒区水文根据冰冻圈诸要素的差异性，可划分为冰川水文学、冻土水文学、积雪水文学、海冰水文学和河/湖冰水文等几个分支学科。其中海冰水文学尚处于开始发展阶段，河/湖冰水文无论是研究内容，还是研究程度，均很难称得上"学"，只能叫"河/湖冰水文"研究（丁永建等，2017）。与之相比，冰冻圈水文学将传统的以冰冻圈要素为主线的学科体系进行了高度综合，将学科定位在方法—过程—作用—影响这一主线上，其中方法是基础，过程是核心，作用是从流域尺度上关注冰冻圈的水文功能，影响是从区域乃至全球尺度上考虑冰冻圈水文所产生的影响。

能量平衡和水量平衡是冰冻圈水文学的物理基础，其是支撑冰冻圈水文学发展的最基本的理论基础。冰冻圈水文学最重要的基础学科是冰冻圈科学和水文学，同时，水资源科学、地理学和大气科学也与冰冻圈水文学密不可分，是冰冻圈水文学重要的基础学科（图1.8）。

图 1.8 冰冻圈水文学的学科组成

1.4 中国冰冻圈水文研究回顾

中国冰冻圈水文研究是伴随着冰川冻土研究事业的发展而发展起来的，与冰冻圈科学研究相同，大致经历了起步认识、全面发展和学科提升三个阶段。通过不同阶段的发展，在冰冻圈水文研究方面取得众多成果，奠定了冰冻圈水文学基础。

1.4.1 起步认识阶段

中国开展现代冰川研究的原动力来自于地方政府对冰川融水的需求。1958 年甘肃省政府为利用祁连山冰雪融水资源发展绿洲农业，请求中国科学院解决融冰化雪问题。由此，祁连山冰雪利用考察队于 1957 年开展了对祁连山冰川的考察研究，1958 年在祁连山西段的大雪山老虎沟建立了我国第一个高山冰川水文气象观测站（1958～1962 年，2006 年至今），随后在天山东段乌鲁木齐河源 1 号冰川建立了第二个冰川定位站（1959～1965 年，1980 年至今）。与此同时，结合我国资源综合考察进行的冰川考察中也开展了冰川水文短期观测。通过冰川融水短期观测，不仅获得了考察区冰川融水径流数据，同时也为广泛建立冰川融水量与气象要素之间的关系奠定了基础，这些观测数据也成为后来评价中国冰川融水资源的基础。

值得一提的是，1965 年出版的《天山乌鲁木齐河冰川与水文研究》（论文集），收集了 14 篇基于 1958 年观测数据的研究论文，其中与冰川水文有密切关系的论文 9 篇，这是中国最早论述冰川水文的学术成果，对认识现代冰川消融、积累、冰面辐射、雪面蒸发、融水补给与冰川径流特征等起到了奠基性作用。

1.4.2　全面发展阶段

20 世纪 70 年代末，迎来了冰冻圈水文研究全面发展的新阶段（图 1.9）。这期间受限于科研经费，国际合作较为广泛。通过国际合作，先后开展了天山托木尔峰冰川考察（1977～1978 年）、天山博格达峰冰川考察（1981 年）、阿勒泰山冰川考察（1981 年）、贡

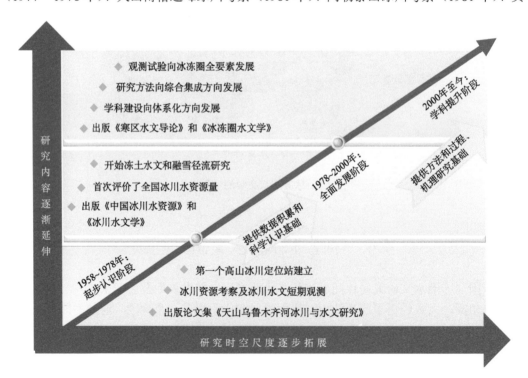

图 1.9　中国冰冻圈水文研究发展简图

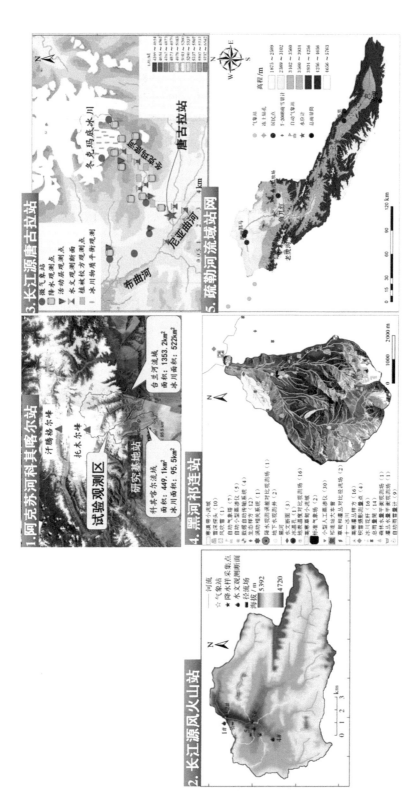

图 1.10 中国若干冰冻圈水文观测试验站示例

天山科其喀尔：2500~6950m；长江源风火山：5000~6500m；长江源冬克玛底：5500~7000m；祁连山葫芦沟：2980~4800m；疏勒山疏勒河：2800~5600m

嘎山冰川冻土考察（1981～1984 年）、博格达峰南坡冰川考察（1985～1986 年）、叶尔羌河冰川洪水考察（1985～1987 年）、喀喇昆仑山乔戈里冰川考察（1996 年），以及西昆仑山联合考察（1987 年）等，上述考察中都同时进行了冰川水文观测研究。以上考察和研究成果由施雅风院士在《中国冰川概论》（施雅风，1988）中进行了系统总结。

　　20 世纪 80 年代后期到 90 年代开始了流域尺度水资源综合研究，如乌鲁木齐河流域水资源形成研究、黑河流域水资源综合研究等，同时在乌鲁木齐河源和黑河冰沟流域开展了冻土水文及融雪径流的研究。冰冻圈水文研究向流域尺度扩展，是冰冻圈水文向更深入、更广泛发展的标志。《中国冰川水资源》（杨针娘，1991）和《冰川水文学》（杨针娘和曾群柱，2001）是对中国上述冰川水文研究的系统总结。

1.4.3　学科提升阶段

　　21 世纪以来，中国冰冻圈水文研究从定位观测试验到流域冰冻圈水文影响，从过程、机理到水资源评价，从冰冻圈单要素到冰冻圈全要素水文过程，从气候变化影响到脆弱性、适应研究，进入到学科发展的一个全新阶段，中国冰冻圈水文研究已经由现象、分散研究向理论体系化方向迈进（图 1.9）。主要体现在：在观测试验平台方面将冰川、冻土、积雪、寒漠、草地纳入一体（图 1.10），综合、全面考虑冰冻圈水文过程的综合水文效应；在研究手段和方法上室外和室内实验分析结合、遥感和地面融合、统计分析与模型模拟并用；在学科体系上从机理、过程等基础研究，到影响、适应等应用研究，构成了冰冻圈水文学全链条研究态势。

　　总之，中国冰冻圈水文研究已取得了丰富成果，为冰冻圈水文学发展奠定了良好基础。其成果主要体现在《中国冰川水资源》（杨针娘，1991）、《冰川水文学》（杨针娘和曾群柱，2001）、《寒区水文导论》（丁永建等，2017）和一些重要学术文献中。值得指出的是，2007 年以来，以国家重点基础研究发展计划（973 计划）项目"我国冰冻圈动态过程及其对气候、水文和生态的影响机理与适应对策"及全球变化重大科学研究计划"冰冻圈变化及影响研究"为依托，中国科学家在推动和发展冰冻圈科学学科体系的学术思想指导下，极大地促进和提升了中国冰冻圈水文学研究的基础、方法及理论认识水平（陈仁升等，2018；丁永建和效存德，2019），奠定了本书得以完成的科学认识基础。

参 考 文 献

陈仁升, 康尔泗, 吴立宗, 等. 2005. 中国寒区分布探讨. 冰川冻土, 27(4): 469-475.
陈仁升, 张世强, 阳勇, 等. 2018. 冰冻圈变化对中国西部寒区径流的影响. 见: 陈仁升等. 冰冻圈变化及其影响研究. 北京: 科学出版社.
丁永建, 效存德. 2019. 冰冻圈变化及其影响(综合卷). 见: 丁永建, 效存德. 冰冻圈变化及其影响研究. 北京: 科学出版社.
丁永建, 张世强, 陈仁升. 2017. 寒区水文导论. 北京: 科学出版社.
施雅风. 1988. 中国冰川概论. 北京: 科学出版社.
杨针娘. 1991. 中国冰川水资源. 兰州: 甘肃科学技术出版社.

杨针娘, 曾群柱. 2001. 冰川水文学. 重庆: 重庆出版社.

Qin D H, Ding Y J, Xiao C D, et al. 2018. Cryospheric science: research framework and disciplinary system. National Science Review, 5(2): 225-268. DIO: 0: 1–14, 2017 doi: 10. 1093/nsr/nwx108.

思 考 题

1. 冰冻圈科学与冰冻圈水文学的关系如何?
2. 冰冻圈水文学与寒区水文学有何差异?
3. 冰冻圈水文学主要研究内容有哪些?
4. 冰冻圈水文学有什么特点?

延 伸 阅 读

丁永建, 张世强, 陈仁升. 2017. 寒区水文导论. 北京: 科学出版社.
杨针娘. 1991. 中国冰川水资源. 兰州: 甘肃科学技术出版社.

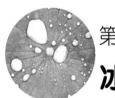

第2章
冰冻圈水文学研究方法

冰冻圈水文学非常注重野外试验和室内分析的综合研究。野外观测与遥感分析为了解冰雪水文过程的发生发展提供了基础的过程记录与观测数据；试验分析除了可以提供冰雪、土壤等理化性质的基本信息，还能够通过样品中化学组成的变化与联系，从微观尺度探索冰冻圈水文变化的过程、机理、趋势或影响；模型分析建立在对客观世界进行合理简化的基础上，通过公式与方程对冰冻圈水文变化的主要过程进行数学表述，模拟其实际变化，从而对水文变化的影响因素、机理过程和趋势结果进行量化分析。本章将结合传统试验方法和新兴工具手段对冰冻圈水文学的主要研究方法进行介绍。

为方便读者对冰冻圈水文学的研究方法有一个总体的了解，我们将各种方法或技术手段的适用目的和主要内容概括于表 2.1 中，具体内容将在其后的小节中详述。

表 2.1　冰冻圈水文学研究方法概览

研究方法	主要内容	对象与功能
野外观测与试验： 通过实地观测，获得与冰冻圈水文变化相关的各种数据，用于室内分析与模型应用	地表环境观测	对影响冰冻圈水文变化的地表环境进行系统观测，包括气象、下垫面物理性状与水热特性等
	冰冻圈消融观测	对单点的冰雪消融和冻土水热状况进行观测，以便了解冰冻圈消融的过程及同发育环境的关系
	水文断面观测	在试验流域出口设置水文断面并进行水位、流量、水化学及沉积物等观测，是了解冰冻圈流域水文变化的重要环节，能够为水文分析和模型运行提供关键的基础数据
	小流域观测	综合单点观测与水文断面测量，建立面向流域不同下垫面的观测体系；冰冻圈要素空间分布的调查提供了分析与模拟的基础资料
水化学分析： 通过对融水中离子或元素浓度变化的分析，了解冰冻圈变化中水的侵蚀、溶滤、运移等过程及其影响	水样制备	对冰、雪、降水等样品的采集和预处理具有不同的方法和流程，正确地采样是准确分析的前提
	测试分析	pH 和 EC 分别是水体酸碱度和导电溶质的度量，用于了解基本的水环境；阴阳离子可用于研究流域的化学风化过程、测算化学侵蚀率和溶质通量、追踪汇流过程等；微量元素可探究冰冻圈对下游生态环境的影响；有机碳分析可研究冰冻圈对碳循环的影响；稳定同位素变化可揭示冰雪或水体的来源、成因、赋存条件及水循环过程等

续表

研究方法	主要内容	对象与功能
遥感与 GIS 应用： 遥感影像分析和数据反演能够提供丰富的时空数据集用于冰冻圈水文分析和模型应用；GIS 则提供了良好系统集成与优化界面	遥感水文应用	目前针对降水、冰雪与冻土分布已经形成了多种遥感数据集，能够直接应用于冰冻圈水文的时空变化分析
	GIS 方法应用	GIS 可以提供良好的空间分析、数据集成和模型融合环境
数理统计与模型： 利用数学方法刻画现实的水文变化过程，从而进行过程的分析和未来变化的预估	数理统计方法	基于简单要素与水文变化的统计关系能够提供水文变化的快速评估方案，但也存在外延性较差、地域适应性弱等缺点
	水文模型	利用数学公式对水文过程进行抽象描述就构成了水文模型，它可以近似表达实际的水文过程，因而能够更深入地剖析水文变化的机理和影响因素，预估未来变化

2.1　野外观测与试验

冰冻圈水文的野外观测均围绕雪冰的气候环境、物理性状、时空分布、融水径流组成及变化等展开。对于不同的冰冻圈组成要素，野外观测方法存在许多共性，也依据要素发育特点与研究内容的不同存在许多差异。本节综合了冰冻圈各组成要素的野外工作，以共性需求与要素差异为主线，讨论野外观测与试验的主要内容、方法与原则。

2.1.1　地表环境观测

与一般的土壤、岩石、草地等下垫面不同，冰雪、冻土下垫面属于不稳定下垫面，冰雪的消融积累及密度变化会引起地表的起伏，融水的生成与运移过程又与下垫面性质密切相关。因此，在冰冻圈水文学的野外观测中，地表气象条件、下垫面状态及属性观测是重要一环。

1. 气象观测

冰冻圈的形成与发育是特定气象与地形条件的产物，研究冰雪的发展变化必须结合本地的气象过程与气候特征，因此气象观测是冰冻圈野外观测的基本内容，其数据成果构成了冰冻圈水文研究的基础。气象设备的安装及数据采集等可依据中国气象局编制的《地面气象观测规范》及相关指南、手册等实施。

需要注意的是，在冰冻圈的野外气象观测中，由于风和低温的影响，降水的观测难度较大。冰冻圈作用区常因为地理环境影响而盛行强劲的地面风，采用普通的降水观测仪器可能因风力的影响使观测降水量低于实际降水量 10% 以上，即仪器对降水的捕捉率显著降低。此时，需要根据试验性的对比观测建立测量值与实际降水的关系进行降水修正，或者安装配备防风圈的降水观测仪器（图 2.1）。低温主要使降雪在降水量中的比例增加，此外降水仪器中液态水的冻结会造成测量误差增加或者仪器的损坏。因此，在冰冻圈的降水观测中，基于称重式的总雨量观测方法较为普遍，而翻斗式或液位测量式的仪器应用较少。

图 2.1　配置防风圈的降水观测仪器（韩海东 2005 年 6 月 29 日摄于科其喀尔冰川流域）

2. 厚度调查

积雪、河/湖冰及海冰的厚度测量可利用插入标尺（积雪）或钻孔测量（冰体）的方法进行，对于厚度较大的海冰等可利用探地雷达测量冰厚度。人工观测的基本原则是：①观测点应具有代表性，观测点的雪冰厚度变化应与较大范围内的雪冰厚度总体变化一致，如积雪观测点应避开风吹雪作用区，河/湖冰应避免冰体边缘测量；②应在同一测点附近进行 3 次或以上测量，以降低测量误差；③观测频度应与冰雪的变化速度相适应。周期性观测时，测量时刻应相同且为整点，以便与气象及其他数据记录相对应。积雪厚度的自动测量可采用超声波或红外式测距仪、雪枕或定时照相进行观测；河/湖冰及海冰厚度的自动测量可利用雷达冰厚记录仪或冰厚度传感器进行。

冰川及冻土的厚度测量主要利用探地雷达（图 2.2）或电法仪等物探设备结合钻孔揭露进行。测量需根据地形地势走向或冰川冻土的展布特点规划若干测线，测线处的冰川或冻土厚度应在尽可能大的范围内具有代表性。钻孔揭露的目的之一是获得实测的冰川或冻土厚度，以便对地质雷达等测量结果进行校正。此外，还可通过钻探获得冰川冰或冻土样品，进行理化性质及水力特性的分析。

3. 物理性质

密度是雪冰及冻土的基本物理特性之一。密度的人工取样和测量方法具有相似性，即利用已知孔径的取样盒或钻具采集原状的雪、冰或冻土，通过称重法获得样品的密度

图 2.2　西昆仑山崇测冰川厚度雷达测量（魏俊峰 2012 年 10 月 23 日摄于崇测冰川）

或比重。此外,积雪密度还可以通过基于介电常数测量的雪特性仪进行原位测定(图 2.3)。密度测量需要注意测点的代表性和随机性,同一观测点需进行 3 次有效测量,取其平均值为最终结果,以减少系统性误差。

图 2.3　利用雪特性仪测量积雪密度与含水量（毕研群 2017 年 3 月 26 日摄于河北省张家口市崇礼区）

　　为准确获得冰雪的水热参数,常常需要了解地表物质的组成及性质。对于冰雪下垫面,杂质及颗粒物能够改变地表反照率及热量通量,其含量多少对冰雪的消融速率有较大影响。这些杂质包括岩屑、粉尘、黑炭等。冰雪中杂质含量的测定可通过融滤烘干法进行。

　　土壤孔隙度可分为毛管孔隙和非毛管孔隙。毛管孔隙的大小反映着土壤的持水能力;而非毛管孔隙反映着土壤通气、透水及涵养水源的能力。在冻土冻融过程中,土壤孔隙度会随着冰的形成消融发生变化,从而直接作用于土壤导水率和土壤水势等水力参数。毛管孔隙度是毛管孔隙占土壤体积的百分比,可利用环刀法或比表面积仪进行室内测定。非毛管孔隙度是总孔隙度中排除毛管孔隙度剩余的孔隙。总孔隙度可根据土壤容重和土壤比重计算得到,其中土壤容重是指单位体积内固体干土粒的重量与同体积水重之比。

　　积雪含水量指雪中液态水含量占雪样总重量的百分比,其测量方法多利用雪特性仪直接观测,也可以采集样品在室内进行测定。冻土土壤的含水量是衡量土壤中水分总量的指标，常用的测定方法有烘干法、电阻法、中子法和γ射线法。

土壤未冻水含量指示了冻土中因毛细作用和土粒表面吸附作用存在的液态水的多少。核磁共振（NMR）技术是确定未冻水含量的可靠方法，其原理是利用射频信号经过土壤样品的自由磁感衰减量计算液态水含量。此外，时域反射法（TDR）和频域反射法（FDR）是较为简单准确的方法。TDR 是通过时域反射测试技术测量土壤中水和其他介质介电常数之间差异的原理测量土壤液态含水量。FDR 是利用电磁脉冲原理，根据电磁波在介质中的传播频率测量土壤的表观介电常数从而得到土壤容积含水量。

在土壤基质势的作用下，土壤未冻水含量越低土壤水势越高，土壤水分更易向冻结锋面迁移聚集。水势的测量可利用土壤水势传感器或张力计。土壤水势传感器利用摩尔热容原理，通过测量多孔陶土头中的热容量变化而获得介质的基质势。而张力计测量的优点是安装观测容易、成本低，不受土壤溶质势的影响，缺点是观测较繁琐，且环境温度低于 0℃时无法应用。

土壤及积雪的导水率指单位时间内通过介质的水量。饱和导水率是土壤或积雪饱和时，单位水势梯度、单位时间内通过单位面积的水量，孔隙分布特征对饱和导水率的影响较大。非饱和导水率指非饱和状态情况下，单位水势梯度下的水量通量，是介质含水量和水势的函数。导水率的室内试验依据达西定律，利用定水头或降水头法测定饱和导水率，利用饱和-蒸发原理测量非饱和导水率。饱和导水率还可利用圆盘渗透仪法进行野外测定。

4. 热特性

冰雪及冻土温度的变化是地气间能量交换的直接反映。地温测量可利用热电阻、热电偶或红外线式温度传感器进行多层面的垂向剖线测量。对于冰雪下垫面，融水的形成与迁移主要发生于表层，因此地温监测重点关注 0~50cm 以内的地温变化，地温传感器可分别布设于 0cm（地表）、5cm、10cm 深度，在 10cm 以下可按照 10cm 的间隔安置温度传感器。在冻土观测区，温度传感器布设的深度应达到多年冻土的活动层底部或季节性冻土的最大冻结深度。土壤温度测点布设从地表至根系层一般间隔 10cm 布设，根系层以下根据土壤分层情况以 10cm 或者 20cm 间隔布设直至冻土活动层底部。

热通量是单位时间单位面积上的热交换量。冰雪或土壤热通量的方向和大小可以指示其热量收支情况。热通量可由土壤热通量板（热流板）进行测量，其布设位置与地温传感器的位置相同或相对应，也可仅在特征层面（地表、冻土活动层底面、积雪底部、冰川表碛层底面等）进行热通量观测。

热导率，又称导热系数，定义为规定方向上温度梯度为 1℃/m 时，单位时间内单位面积所传递的热量。热导率测定技术一般包括稳态法和瞬态法。稳态法通过维持介质两端恒定温度梯度，测定冰雪或土壤中的热通量来获得热导率。瞬态法通过给介质施以脉冲热量，测定一定位置处温度随时间的变化，进而计算热特性参数。瞬态法包括单针法和多针法两种。单针法将加热源与温度感应器放在同一个探针中，是野外较为常用的方法。

2.1.2 冰冻圈消融观测

冰冻圈消融观测的主要目的，是监测某段时间内试验区域的消融及水热变化过程。观测数据可用于研究冰冻圈不同要素的消融变化特征及其同气候因子的变化关系、率定水文模型参数、分析融水的物理及化学组成等。由于积雪、冰面及冻土下垫面间的地表特性存在显著差异，观测方法也有较大不同，本节将分别予以介绍。

1. 积雪消融观测

积雪较大的孔隙度决定了融雪水形成后必须经历雪层内的赋存和运移过程，无法立刻形成地表径流。因此，对于积雪消融的观测，除进行积雪厚度变化的测量外，还需要进行雪水当量的测量。雪水当量是指单位面积的积雪完全消融后，形成的对应水层厚度，表征了单位面积上积雪所赋存的水分总量。其直接观测方法包括雪板测量、蒸渗仪法、雪枕法（图 2.4）和伽马射线法（图 2.5）等。

图 2.4　流域积雪单点综合观测系统

2. 冰面消融观测

与积雪不同，冰面消融发生后融水将迅速沿冰面运移形成径流。因此，单点的冰面消融测量仅需监测冰面相对高程的变化即可。花杆（消融杆）测量是常用的人工观测方法。利用手摇冰钻或蒸汽式冰钻钻取孔位后插入花杆，然后定期测量花杆的出露高度并记录。除人工测量外，基于超声波测距原理的自动测量越来越多地应用于实际观测中，特别适用于河/湖冰、海冰等难以开展人工测量的冰体。

图 2.5　伽马射线法雪水当量观测系统

在冰川研究区，受到产流区内下垫面的地形及地表物理性质等影响，根据单点消融观测结果得到的面上消融量与实际产流量之间常存在较大差异。因此，为准确了解冰面的消融过程，需设立试验径流场进行坡面消融与产流测量。冰川坡面径流场地应设置于均匀平整的区域，一般采用 2m×4m～2m×6m 或 5m×10m～5m×20m 的矩形布置，长边沿场地最大坡度方向展布。径流场四周应设有闭合的围栏或截水沟，防止场内融水流出或场外融水流入。径流场下方地势最低点预留出水口，将融水引入一定尺寸的储水池中进行计量。

在冰川、冰架等观测中，经常需要在冰坡、冰崖等倾斜冰面进行消融测量。冰坡的消融测量仍可以采用花杆法，但需要注意的是，由于花杆为竖直插入冰体，在计算消融和物质平衡量时需要将花杆的观测结果折算为垂直于冰面方向的消融量，因此有：

$$m_{\mathrm{p}} = m_{\mathrm{v}} \cos \alpha \tag{2.1}$$

式中，m_{p} 为垂直冰面方向的消融量；m_{v} 为花杆观测的消融量；α 为冰面平均坡度。冰崖是发育在表碛区内具有一定坡度和坡向的裸露冰面。由于冰崖的裸露冰面通常具有较大的坡度（>30°），利用超声波等测距传感器测量的误差也较大。为此，可选择冰崖顶部后方较为稳固的大块冰碛物（岩石）作为固定参照物，定期测量参照物与冰崖顶部特定点的距离（图 2.6），从而获得一段时间内的冰崖后退（backwasting）距离，并通过下式计算冰崖消融深（R_{c}）：

$$R_{\mathrm{c}} = \frac{\rho_{\mathrm{i}} L_{\mathrm{c}} \sin \beta}{\rho_{\mathrm{w}}} \tag{2.2}$$

式中，L_{c} 为冰崖后退距离；β 为冰崖平均坡度；ρ_{i} 为冰的密度；ρ_{w} 为水的密度。

冰川表碛区的消融测量仍可应用花杆法，但在厚层表碛区，需开挖坑穴，以便测杆的栽入。由于表碛区冰面的消融较弱，插入冰内的测杆长度不必过长。坑穴回填时应尽量按照原有的地层结构进行复原。

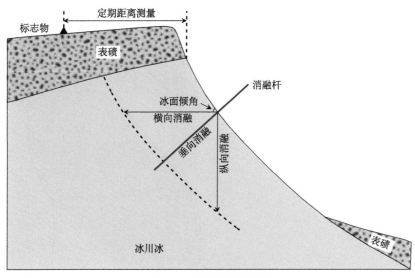

图 2.6　冰崖观测示意图

3. 冰川物质平衡观测

冰川物质平衡观测是获得某段时间冰川的积累量、消融量及其对比关系，可分为直接观测法和间接观测法。物质平衡的直接观测法又称为冰川学观测法，是在冰川上布设若干测点，通过定期进行各测点消融/积累的测量，综合得到整个冰川或冰川的某一部分在全年或者某一时段内的物质平衡及其各分量。

消融区内的测点主要为插入冰内的花杆，某段时间内观测到的冰面消融量（折算为水当量）即可作为该测点的净平衡。冰川积累区几乎常年被积雪（粒雪）覆盖，主要通过雪坑法测量物质平衡，其基本测量原理是：当冰川区气温、降水、大气沉降等发生变化时，积雪的密度、组成、颜色等发生变化而形成代表某一时间的特征层位或年层，通过测定特征层位间的积雪水当量而获得某一时间段的积累量。在积累区测量点人工挖掘雪坑的深度应大于当年的积雪厚度，按雪（粒雪）的结构变化分层测定密度和厚度，分别计算各层雪水当量后加总得到该年层的积累量。在雪坑法中，年层标志的识别对于物质平衡的测量结果具有重要影响。在夏末，由于积雪表层发生显著消融，积雪中的尘土、杂质等暗色物质聚集，形成污化面，它是积累区中、下部积雪的重要年层标志。

当获知单条冰川各观测点的平衡数据后，即可利用各点所代表的冰川面积，采用等高线法或等平衡线法（图 2.7）获得一段时间内冰川的净平衡值。

间接测量冰川物质平衡的方法包括重复测量法、平衡线高度（ELA）测量法和气候水文计算法等。重复测量法又称大地测量法，是通过大比例尺地形图测量、地面近景摄影测量、航空摄影、卫星遥感影像分析、卫星测高等手段重复获取冰川区的地形数据，通过比较不同时期冰面高程的变化，测算出冰川高程、面积、体积等变化，进而计算观测时段的冰川平均净平衡。ELA 测量法的原理是，对于某一特定冰川，尽管物质平衡每年发生波动，但其物质平衡梯度的曲线形态基本不变。因此，如果已知该冰川的 ELA 同净平衡的对应关系（图 2.8），则可通过当年 ELA 的观测获得年物质平衡数据。气候水文

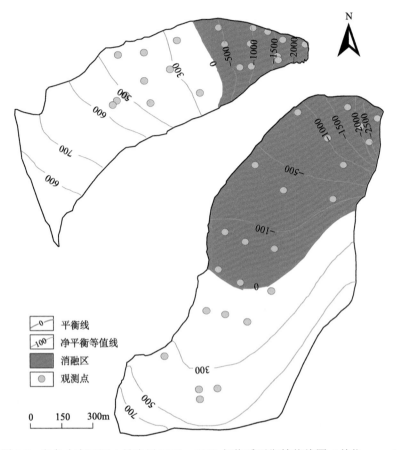

图 2.7　乌鲁木齐河源 1 号冰川 2008~2009 年物质平衡等值线图（单位：mm）

据中国科学院天山冰川观测试验站年报绘制

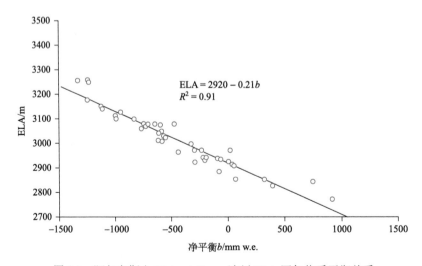

图 2.8　阿尔卑斯山 Hintereisferner 冰川 ELA 同年物质平衡关系

计算法以水量平衡原理为基础，可以在气候数据和模型的支持下，获得任意时段任意区域的积累、消融和净平衡。对冰川任意区域某时段单位面积上的净平衡（b）依下式计算：

$$b = p - m - e \pm \Delta s \qquad (2.3)$$

式中，p 为时段降水量；m 为冰雪融化量；e 为蒸发或升华损失；Δs 为其他补给或损失，包括雪层内补给、冰雪崩补给和凝结或凝华等。

4. 冻土水热过程观测

冻土的水热过程观测与冰雪面测量存在较大差异。与冰雪积累消融后发生显著的相对厚度变化不同，冻土冻融的结果包括土壤含水量、壤中流、活动层厚度变化等，因此以系统性的冻土水热过程及近地层气象自动观测为主。观测项目包括土壤温度、热通量、热导率、土壤含水量、土壤水势等（图 2.9）。

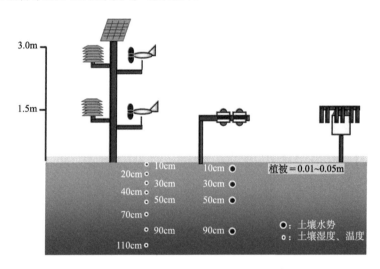

图 2.9　冻土水热过程野外综合观测示意图

冻土的地表蒸散发可采用蒸渗仪（图 2.10）进行观测，其原理是通过直接称量试验土柱的重量变化，结合降水输入与渗漏排水量，获得土壤的蒸散发量。此外，蒸散发还可通过涡度相关观测系统（图 2.11）进行直接测量。涡度相关技术是通过测定温度、水汽等的脉动与垂直风速脉动的协方差求算湍流输送量的方法，被认为是直接测量生物圈与大气圈间能量物质交换的标准方法。

坡面尺度的冻土水文过程，是降水、蓄渗、坡面漫流等叠加冻土下垫面效应的复杂综合物理过程。一般通过布设坡面径流场开展综合试验工作，可选择较为平整的直行坡，建立 20m×5m 的标准试验场。径流场主要由集水区、边界墙、集水槽、引水槽和接流池组成（图 2.12），气象及下垫面观测应于径流场附近同步开展。

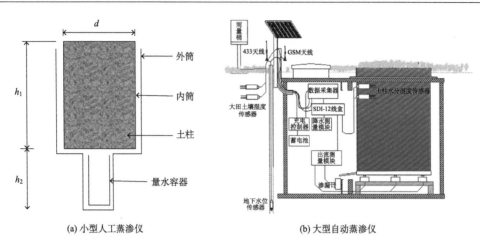

(a) 小型人工蒸渗仪　　　　　　　　　　(b) 大型自动蒸渗仪

图 2.10　土壤蒸渗仪示意图

图 2.11　开放式涡度相关观测系统（韩海东 2007 年 7 月 25 日摄于科其喀尔冰川流域）

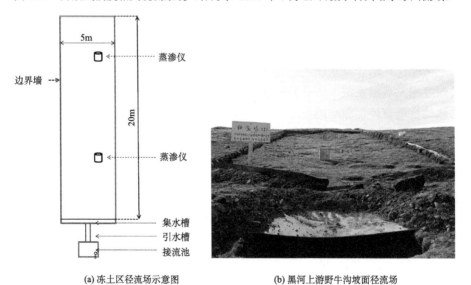

(a) 冻土区径流场示意图　　　　　　　　　(b) 黑河上游野牛沟坡面径流场

图 2.12　坡面径流场

2.1.3　水文断面观测

水文断面是控制某一集水区或流域地表径流出口的水文设施，观测项目一般包括水位、径流量、水质等。本节主要从水文断面的设立、径流测量、沉积物及水化学测量三个方面介绍水文断面测量的主要原则和方法。

水文断面的选址应依托河道地形，尽量选择平缓顺直、水流平稳的峡谷地段，以便控制水流。由于冰冻圈流域的径流受气温变化的影响较大，具有较高的年内变差系数，因此，设立水文断面时需要考察当地历史洪水线的位置和最大流量，以避免突发洪水造成水文断面的冲毁和观测设施的损坏。当河道宽、水量大时，应在岸边设置测井来安置测量设备。

水位的测量设备包括水尺、压力式水位计和超声波水位计等。水尺是人工观测水位变化的专门水文测量仪器，固定于靠桩或绑缚于测井外壁。电子水尺主要利用水的导电性或材料的电特性，通过测量分布电极的电信号或者感应体电容、电阻等变化来测量水位。压力式水位计的主要测量部件是不锈钢壳体包裹的压电感应器件，将水的压力变为电流或电压信号。许多压力式水位计同时带有气压补偿和温度补偿装置，以抵消气压或温度波动对测量结果的影响。超声波水位计主要利用水面对声波脉冲的反射原理，通过获取脉冲的发射与回波接收的时间差，依据空气中声波的传播速度，计算传感器与水面间的距离获得水位数据。

当径流量较小时，可设立测流堰测量流量。测流堰属于稳定的人工测流断面，断面形状不受融水侵蚀的影响，具有快速测量和免维护的优点。利用测流堰测量时，可依据《堰槽测流规范（SL24—1991）》并利用堰流公式进行计算。当流域面积较大时，形成的河道往往较宽，水流常被漫滩或巨石分隔为辫状，需利用流速仪进行分段流量测量。流速仪的类型有旋桨式、电磁式、声学多普勒流速仪等。旋桨式流速仪是利用水流推动桨叶旋转，通过测定规定时间（历时）内桨叶旋转产生的信号数，计算测量时段的平均流速。旋桨式流速仪是目前水文测量中应用最广泛的测流仪器。电磁式流速仪是将水流作为导体，在一定的磁场中切割磁力线而产生电信号，其电压同流速呈正比，通过对该信号进行放大和转换，即可得到水流速度。声学多普勒流速仪是应用声学多普勒效应原理，通过换能器发射某一固定频率的声波并接收散射回波，通过计算多普勒频移得到水流速度。

分段流量测量法是径流观测中最常用的方法。该方法依据河道宽度、断面流速变化等将水文断面分割为等距的若干子断面，通过获取各子断面的平均流速和流量，累加得到断面流量。剖面流速的测量需根据水流深度的不同进行单点或多点测量，以得到剖面的平均流速。当水流深度较浅（$h<1.0\mathrm{m}$）时，可采用单点流速测量法，以 $2/3h$ 处的水流流速作为剖面平均流速；若水深较大，可在 $0.2h$、$0.8h$（两点法）或 $0.2h$、$0.6h$、$0.8h$（三点法）分别进行流速测量。对于靠近岸边的两个子断面，由于河岸对水流的拖曳作用，水流流速向岸边迅速减小，同时靠近河岸水深变浅，岸边的水面与河底的剖面形状呈三角形。因此在计算子断面流量时，需要乘以岸边系数（0.5～0.9）

对流量进行修订。

在一个水文年中，应尽可能对不同水位高度进行流量测量，特别是需要捕捉到最高和最低水位的断面流量。利用得到的流量和对应水位，绘制水位-流量曲线（图2.13）并得到拟合公式，据此将连续的水位记录转化为连续的流量资料。对于天然河道断面，由于断面形态经常改变，需根据水文断面形态的变化程度，每年或年内分时段建立水位-流量曲线和拟合公式，以降低测量误差。

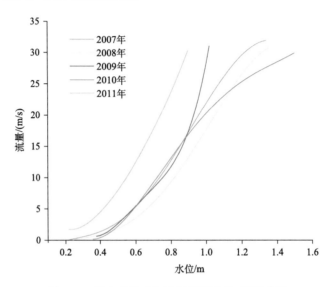

图 2.13　天山科其喀尔冰川流域水位-流量曲线

野外水质观测主要包括pH、电导率、氧化还原电位（ORP）、盐度、浊度、悬移质、溶解氧、总溶解固体（TDS）等，可通过在线式自动设备进行测量。水化学组成主要包括径流中的无机物（主要可溶性离子、微量及痕量组分等）、有机物、微生物、气体等。成分分析对测试环境和测量仪器的要求较高，一般需采集水样进行实验室分析。样品的室内分析将在2.2节进行介绍。

2.1.4　小流域观测试验

冰冻圈小流域观测实验是野外观测的综合，包含了观测点水文、气象、下垫面属性等要素的测量和流域空间数据的整合与应用。同时，在流域尺度上，冰、雪、冻土等冰冻圈研究对象并不孤立，而是常常伴生出现，且与岩石、草地、森林等非冰冻圈下垫面共同构成了流域水文系统，如一个冰川流域，其积累区终年积雪，消融区则为厚层的冰川冰，冰川周围由岩石、冻土、草地等环绕；季节性的积雪与冻土的分布范围则非常广泛且经常相伴出现。因此，流域尺度的水文观测需要根据流域不同下垫面类型的产汇流特点和研究内容，有针对性地开展观测实验。

1. 时空分布调查

冰冻圈流域水文研究的空间调查主要包括流域地形、雪冰或冻土的面积及厚度分布、植被类型及盖度、土壤类型及结构、具有水文过程变化指示意义的特征线或特征点的分布、对径流有显著影响的地貌单元及构造的分布等。对这些调查内容的多期或周期性重测，即可构成其时空变化序列。随着卫星遥感技术的发展，星载传感器可以从不同的时空尺度对地表高程、下垫面类型及面积、地表温度、雪冰厚度等多种参量进行快速测量，极大地方便了区域性时空变化信息的获取。对于遥感技术在冰冻圈水文研究中的应用将在 2.3 节进行讨论。本节仅关注野外调查及现场试验获得流域空间信息的方法和手段。

在野外观测条件下，对于地形地貌、下垫面类型及分布等可通过光学影像分析获得的信息，均可利用摄影测量或无人机地形测量方法进行观测。摄影测量利用量测相机或经标定的非量测相机对目标物进行固定照相，照片经正射投影校正后可获取目标物的位置或面积信息（图 2.14）。对于面积较小的流域，可通过近景摄影测量或无人机测控技术获得流域的数字高程模型（DEM）。两者均利用不同视角且具有一定重叠度（大于 60%）的像对对目标物进行空间位置分析，从而生成三维模型或大比例尺地形图。

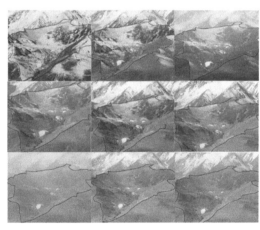 

(a) 拍摄的一次降雪过程照片   (b) 对应的正射投影图像

图 2.14 祁连山葫芦沟一级支流小流域积雪消融过程摄影测量

如今，产生于 20 世纪 90 年代的三维激光扫描技术正在迅速得到应用。室外用扫描仪按照其测量方式可分为脉冲式和相位差式。脉冲式测距是通过测量发射和接受激光脉冲信号的时间差来获得被测目标距离，较为适合进行大面积的地形测量；相位差式测量是用无线电波对激光束进行幅度调制并测定调制光往返测线一次所产生的相位延迟，再根据调制光的波长换算相位延迟所代表的距离，其测量距离较短但测量精度高，适合于近距离复杂目标物的三维测量。

野外调查时，对具有水文过程变化指示意义的特征线或特征点应给予特别关注，如在冰川流域，粒雪线以上为冰川积累区，以下为冰川消融区（不含附加冰带）。粒雪线升高，指示冰川消融区扩大、积累区缩小，物质平衡较上年亏损，融水径流量则增加；反之亦然。在消融季末，积雪分布的下界与粒雪线重合或相近，因此可通过摄影测量获得粒雪线的变化数据。

2. 地面观测系统

面向流域水文过程研究的地面观测系统依据研究对象的不同而有所差别，一般应包括流域水文断面观测、多要素气象梯度观测系统、下垫面属性观测网、冰雪消融观测网或试验观测场等（图2.15）。

对于以冰雪下垫面为主的流域，消融过程与冰雪面的能量平衡直接相关，单点的气象观测着重于气温、空气湿度、风速、风向、辐射及降水的测量。而在冻土流域，土壤内的水热传输与蒸散发对水量平衡的影响非常重要，需要增加地温、土壤含水量和蒸散发观测。

流域内的冰雪覆盖区，需根据其范围大小和海拔变化，利用花杆构建人工观测网，定期进行雪冰消融深度的测量。在冻土作用区及其他非冰雪下垫面，土壤中水分的补给、损耗和迁移过程均较为复杂，可选定样方建立坡面径流与能水平衡观测场，对不同下垫面的径流过程和能量平衡进行观测。分散设立的地面观测设施应尽量在海拔上与气象观测系统保持统一，以利于进行数据分析。

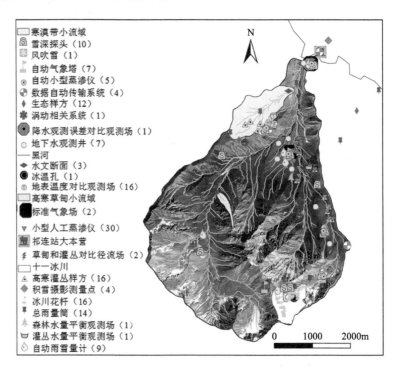

图 2.15　祁连山黑河上游葫芦沟小流域监测

2.2 水化学分析

野外监测和实验分析的结合，有助于认识冰冻圈水文过程的演化规律、揭示冰冻圈水文与水化学过程的内在联系、评估水文化学过程对生物地球化学循环的影响。本节立足于冰冻圈水文研究的特殊性，主要介绍雪冰、融水、降水、地下水和河水的采样及实验方法。

2.2.1 水样制备

在冰冻圈水文研究中，用于不同指标分析的样品其采样方法有所差异（图2.16）。为了避免样品污染，采样之前需要对采样瓶及工具进行清洗，清洗要求因测试项目的不同而有所区别。例如，对于pH、电导率和无机离子分析，通常应用酸性清洁剂溶液浸泡和超纯水冲洗；对于微量元素分析，则需要在酸溶液中浸泡；对于有机碳分析，则需要在马弗炉中高温燃烧。

图 2.16 冰冻圈地区典型样品的采集

（1）降水。一般使用不锈钢盆或塑料盆收集降水。为了避免污染，需要在采样盆上套一层无菌塑料袋。也可使用专门的降水采集桶，这种桶的口径较大，有利于小降水事件的样品收集。为了避免污染，在采样桶的内壁覆盖一层可更换的无菌塑料袋。

（2）雪冰。包括积雪、雪坑和冰川冰。采样者应穿洁净服并戴洁净手套，在采样点的下风口使用宽口瓶直接采集雪样品，使用冰斧或冰镐采集冰川冰。若需要的样品量较大，可以先把样品保存在无菌采样袋中，待自然融化后再转入采样瓶中。

（3）融水、河水和地下水。使用窄口瓶直接采集融水、河水和地下水。采集前，应使用目标水体反复冲洗瓶内及瓶盖，防止污染。在采集融水和河水时，采样瓶的瓶口朝向来水方向，应尽可能在河水流速较大的地点采样。

（4）沉积物。在冰川的前部区域，选择具有代表性的地点，在不同地点采集冰川沉积物，随后装入自封袋中并贴上标签保存。

所有样品的采集均需同步记录采集地点、地理坐标、采集时间、样品名称、简单描述、人员信息等，便于样品的整理、分析。

样品进入实验室后需进行过滤。过滤的目的是将样品中的固态颗粒分离出来，剩余滤液用于可溶性成分的测试分析；残余在滤膜中的固态物质经冷冻或干燥后，可进行颗粒态成分的测试分析（图 2.17）。需要指出的是，不同测试要素对滤膜的材质和孔径都有不同要求。例如，对于可溶性离子和微量元素测试，一般使用聚砜过滤器和 0.45μm 孔径的硝酸纤维素膜过滤样品；对于有机碳测试，一般使用全玻璃过滤器和 0.7μm 孔径的GF/F 玻璃纤维素膜过滤样品。

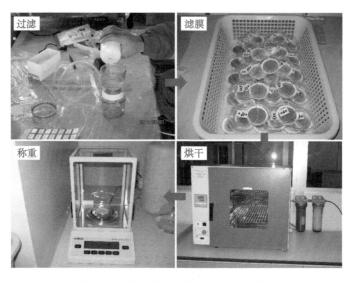

图 2.17　样品过滤、悬移质烘干和称重

2.2.2　测试分析

实验室中的水化学分析项目一般包括 pH、EC、无机离子、微量元素、有机碳、营养元素、稳定同位素等。本节将简要介绍主要化学要素的测试方法和原理。

（1）pH 和 EC。pH 是溶液酸碱程度的衡量标准；EC 表示溶液传导电流的能力，可用于推测水体中带电荷物质的总浓度。一般使用酸度计和电导率仪分别测定 pH 和 EC。需要指出的是，无论在野外还是实验室，需要用标准溶液定期对酸度计和电导率仪进行校正。

（2）无机离子。冰冻圈水体中常见的无机离子包括 Ca^{2+}、Mg^{2+}、Na^+、K^+、SO_4^{2-}、NO_3^-、Cl^-、HCO_3^-、PO_4^{3-} 等，可用于研究流域的化学风化过程、测算化学侵蚀率和溶质

通量、追踪汇流过程等。通常应用离子色谱仪测定可溶性离子的浓度。离子色谱仪是为等度淋洗而设计的仪器，配合在线电解淋洗液发生器使用，具备梯度淋洗的功能。

（3）微量元素。微量元素是指冰冻圈水体中含量相对较低的一些元素（如铁、铝、锌、锂、铜、锰、汞、铅、钛、钴、镍）。虽然这些元素的浓度较低，但一些元素的毒性、生物活性和生物限制作用非常显著，直接会影响下游的水环境和生态系统。通常应用电感耦合等离子体质谱仪测定微量元素的浓度。例如，对于可溶性铁（DFe）的分析，需要先用硝酸过滤后的滤液酸化至 pH<2，再收集滤液并保存在低温环境中以备 DFe 的测定。对于颗粒态铁（SSFe），需要通过测定滤膜上附着的悬移质来获取样品中 SSFe 的浓度。

（4）有机碳。是指水体中可溶性和悬浮性有机物的含碳总量，它是评价水体中有机物污染的重要指标。通常应用总有机碳分析仪测定可溶性有机碳（DOC）的浓度，应用元素分析仪测定颗粒态有机碳（POC）的浓度。对于 POC 的测试，先将样品烘干后放在燃烧管中燃烧，随后通入氧气将样品中的有机物全部燃烧为 CO_2、H_2O、N_2 和氮氧化物，氮氧化物进入还原管还原为 N_2，随后通过吹扫捕集吸附柱或气相色谱柱分离气体，最后进入热导检测器检测 POC 浓度。

（5）营养元素。是指植物生长发育必需的化学元素。随着气候变暖，从冰冻圈内输出的营养元素有可能影响下游的生物地球化学循环。这些营养元素包括：①氮，对于无机氮，通常应用离子色谱仪或自动分析仪测定 NO_3^- 和 NO_2^- 浓度，应用水杨酸盐分光光度计法或比色法测定 NH_4^+ 浓度。对于有机氮，应用元素分析仪测定颗粒态有机氮（PON）浓度，再通过 TOC 仪测定总的可溶性氮（TDN）浓度，随后通过公式计算并获取可溶性有机氮（DON）浓度。②磷，应用流动注射分析仪测定总的可溶性磷（TDP）浓度，应用比色法、分光光度计法和标准湿化学法测定可溶性无机磷（DIP）浓度，通过公式计算并获取可溶性有机磷（DOP）浓度。③硅，应用流动注射分析仪测定 Si 的浓度。在可溶性硅（DSi）和颗粒态硅（ASi）的测定过程中分别使用钼酸比色法和碱消化法。

（6）稳定同位素。同位素分析是冰冻圈水文研究中的一项重要内容。利用稳定同位素的分馏原理和放射性同位素的衰变原理，可以对水循环过程进行标记、示踪或计时，从而揭示冰雪或水体的来源、成因、赋存条件及水循环过程等。冰雪及降水中 δD 和 $\delta^{18}O$ 是冰冻圈水文研究重点关注的稳定同位素，其他重要同位素包括 $\delta^{13}C$、$\delta^{17}O$、过量氘等，均可通过同位素质谱仪分析其含量。

2.3　遥感与地理信息应用

遥感技术在流域下垫面识别、地表水热参数提取、水循环要素反演、区域水储量变化等方面为冰冻圈水文学提供了有力工具，地理信息科学则为水文模型与地理信息系统耦合，空间数据管理、检索和展示等方面提供了重要支撑。对于冰冻圈遥感的理论方法、数据处理与应用等可参考本丛书的《冰冻圈遥感学》分册。本节仅就与冰冻圈水文有紧密联系的部分内容进行介绍。

2.3.1　遥感水文应用

随着多源遥感数据和反演技术的快速进步，多平台、多传感器获取的数据为定性和定量获取地表土地利用/土地覆盖、水循环观测参数、地表水储量等提供了海量的数据支撑。降低观测成本的同时，也为水文模型的多手段验证提供了新的途径。尽管遥感技术能够在前所未有的时空尺度上提供多样的地表参数信息，其反演算法依然需要地面观测数据的配合，其精度也高度依赖于训练算法中地面数据的数量和质量，由此造成了多源遥感数据反演的同一参数具有很大差异，进一步提高反演精度仍是长期的任务。下面就冰冻圈水文学研究中的部分常用遥感产品简述如下。

降水：通过星载的可见光/红外传感器、被动微波和主动微波传感器获取的遥感影像均可以用于降水的反演。可见光/红外影像分析可通过建立云顶温度同降水概率和强度的关系间接估算降水量；被动微波传感器利用微波辐射计捕捉雨滴的辐射强度计算雨量与降水强度；而主动微波传感器能够发射特定频段的电磁波，通过回波分析获得降水垂向分布廓线进行降水反演。目前基于多卫星、多传感器集成的降水遥感反演产品已成为获取山区降水的重要途径。在冰冻圈水文研究中，已有多种全球降水数据集可用，代表性的产品包括热带降水测量任务（tropical rainfall measuring mission，TRMM）数据集、CMORPH（CPC MORPHing technique）数据集、气候灾害组红外降水量数据（climate hazards group infrared precipitation with station data, CHIRPS）、全球卫星测绘降水量计划（global satellite mapping of precipitation, GSMaP）、全球降水气候项目（global precipitation climatology project，GPCP）等。从目前的评估和应用效果看，各数据集由于基于不同的数据来源或相异的反演算法，均具有各自的优缺点，对于山区降水的反演精度普遍不高，因此，运用多卫星（地球静止轨道卫星和近地轨道卫星）、多通道（可见光/红外和微波）、多模式（被动和主动）的联合手段进行高时空分辨率的降水观测，已成为颇具前景的研究与应用领域。

冰雪：冰雪空间分布的监测是冰冻圈水文学研究的重要内容。受地形和气候条件影响，人工观测难度大，且难以获得面上的准确信息。然而，通过可见光及红外遥感影像能够快速地勾勒冰雪的分布范围和变化,冰雪反照率和地表温度的时空分布也易于反演，此外可利用微波的穿透性反演雪的粒径、厚度和雪水当量等。综合来看，目前广泛可用的全球积雪产品包括 IMS 积雪面积产品、MODIS 积雪系列产品（包括积雪面积和反照率）、NASA 和 ESA 被动微波雪水当量产品、GLASS 反照率产品，中国范围内的积雪产品包括基于 MODIS 数据的青藏高原逐日无云积雪面积产品、中国区域逐日被动微波雪深产品，以及由中国气象局发布的我国卫星遥感数据反演的积雪产品等。冰川产品主要有 GLIMS 全球冰川数据库、GLAS/ICESatGLAS 冰面高程数据、中国两次冰川编目的冰川分布数据等。此外，利用 GRACE（gravity recovery and climate experiment）重力卫星探测区域重力变化进行冰川集中分布区物质平衡测量是新兴的一种测量方法。

冻土：相对于降水和冰雪的易探测性，冻土发育于地下，星载传感器的探测难度显著增加。地球观测系统（EOS）、寒区陆面过程实验（CLPX），以及很多国际研究计划都把冻土遥感作为重要目标之一。美国国家航空航天局（NASA）于 2014 年发射的 Hydro 卫星，将土壤水分和土壤冻融并列作为其两个主要目标。对冻土的遥感应用主要包括：基于光学/红外遥感数据的冻土分布和活动层厚度探测，以及基于微波遥感数据的冻土冻融过程监测。

2.3.2　地理信息技术方法

流域尺度的水文分析是冰冻圈水文学研究的主要内容，因此，基于地理信息系统（GIS）的流域数据集成、空间分析、模型应用、结果展示等为水文研究提供了良好的运行平台。

数据集成：应用 GIS 的交互式图形处理和制图工具，将冰冻圈流域的地形、地貌、水文环境、河流水系、水文气象、冰川、积雪及冻土等因素以点、线、面、体的三维立体形式输入到空间数据库。通过数据库将冰冻圈数据与其他数据相结合，如基本的自然、社会经济信息等。

空间分析：GIS 能够进行多源数据处理、多元信息叠加及空间属性数据操作，并对以上拥有时间维特征的数据进行获取、管理、分析、模拟和显示等，使水文信息的管理与应用效率得到了提升。GIS 可在空间数据库的基础上，建立基于不同影响因子的专题图层，并对图层进行叠加处理，使其对冰冻圈水资源进行快速、合理的评价及规划。

模型融合：GIS 通过数据管理和空间分析可为分布式水文模型准备驱动数据，为不同投影、空间比例尺的模型提供数据转换接口，也可将模拟过程和结果进行图形化展示。具体而言，包括：①空间数据管理，GIS 能统一管理与水文模型相关的大量空间数据和属性数据，并提供数据查询、检索、更新及维护方面的工具；②由基础数据层生成新数据层，如用地形数据计算坡度、坡向、汇流路径，利用水系计算河流网络等；③自动提取部分模型参数，如从遥感数据中提取研究区的土地利用图，进而根据土地利用图得到各计算网格的糙率系数等；④为水文建模提供方便，水文模型的求解往往采用有限差分、有限元等数值解法，即把研究区剖分成规则格网或不规则格网；⑤GIS 有利于分析计算的过程及结果可视化表达，GIS 的空间显示功能提供了优越的建模及模型运行环境，为模型可视化计算带来可能，有助于分析者交互地调整模型参数。

2.4　数理统计与模型

冰冻圈水文变化中规律的总结、机理的探究和趋势的预估，依赖于数学方法的量化表述。因此，数理统计与水文模拟是进行冰冻圈水文过程分析的主要方法。

2.4.1　数理统计方法

数理统计方法以要素间的统计关系为立足点，这种关系的建立来源于不同要素间的统计联系，但较少考虑其间的具体过程，由此将复杂的物理过程高度简化为一元或多元的统计关系，如在冰冻圈流域，冰雪、冻土等的消融同气温的变化呈正相关关系，同时降水的多少也对流域径流有重要影响，因此，气温和降水常成为冰冻圈流域径流估算方法中的主要参量。例如，在冰川覆盖率较高的叶尔羌河流域，年出山径流量（Y）同卡群水文站夏季平均气温（T）和 7~8 月降水量（P）的关系可表示如下（刘天龙等，2008）：

$$Y = 9.088T - 0.049P - 70.77 \tag{2.4}$$

该统计关系能较好地还原过去数十年叶尔羌河流域的年径流过程。

数理统计方法的优点是参量很少、计算简便、在一定时空范围内具有较高的准确度，因此在冰冻圈水文的研究中有广泛应用。然而其局限性也很显著。首先，统计关系的建立需要具备长序列的观测基础，观测时间越长，参量与目标变量之间变化关系越稳定，次要因素的影响越容易被平滑掉，反之则容易受到其他因素波动的影响，产生较大的计算误差。其次，统计方法主要关注入选参量同目标变量之间的变化关系，实质上将其他因素的影响设为常数而通过固定的系数表现出来。利用统计模型进行径流预估等外延应用时，如果次要因素的影响未发生较大变化，计算结果则可能具有较小的误差；反之如果某些次要因素在未来的变化中影响增大，甚至转化为主要因素，预测结果则可能存在较大误差。因此，数理统计方法在外延应用中常面临较多不确定性。再次，不同流域由于气候、地形等差异，径流变化同相关要素间的关系也存在显著的时空异质性，因此在某一流域中运行良好的统计关系移植到其他流域则不一定能获得预期的效果，即统计方法的地域适应性较弱。因此，在运用数理统计方法进行冰冻圈水文过程研究时需要关注样本序列长短、要素主次关系、目标需求与前置条件等。

采用数理统计方法对流域未来径流进行预估，目前主要有两种方法：①直接基于历史径流的变化特征和趋势，借助一些数学手段（GDP、周期方差、神经网络、R/S 灰色预测等）对未来短期径流进行预测，由于未来气候变化不可能是过去历史的简单重复，单纯从过去的径流变化特征外推未来可能出现的径流变化存在很大的不确定性；②利用历史径流数据与气象观测数据（气温、降水、蒸发等）建立统计学模型，以此推求未来气候变化情景下的流域径流量，这种方法假设径流与气象要素之间的数学关系是恒定的，而对于西北高山区流域，随着气候变化引起的冰川、积雪及冻土的改变，这种数学关系肯定也会发生明显变化，因此采用该方法预估未来径流必然存在很大的偏差。

2.4.2 冰冻圈流域水文模型

数理统计方法忽略了入选参量与目标变量之间的过程，但人们认识到对这种过程的细化描述能够深入认识过程变化的机理，从而将与目标变量变化相关的主要过程进行数学描述及参数化，因此形成了水文模型。本小节从冰冻圈流域水文模拟的需求与特点入手，对水文模型的主要类型、功能、优缺点等进行介绍。

1. 水文模型的类型与特点

冰冻圈流域径流的产生总是各种不同又相互关联的过程发展的结果。例如，一个冻土小流域，径流的多少与降水、下渗、土壤冻融、植被截留、蒸散发、土壤水含量变化等多个过程有关。对相关过程的数学描述可以应用不同的方法，这些方法总体上可以分为两大类：经验关系法和物理过程法，所建立的模型则分别称为经验模型和物理模型。经验模型主要用各种统计关系描述不同的过程，经过整合得到最终的结果；物理模型则通过一系列具有明确物理意义的数学方程构筑模型框架。在有些情况下，由于过程认识和数据可用性的限制，一个模型中的所有子过程不能完全用经验关系或者物理过程来表述，因此产生了经验模型中部分过程采用物理描述，物理模型中又包含经验关系，构成了所谓的混合模型，但仍然按照其主要构成称为经验模型或物理模型。

经验模型的特点是结构简单，参数较少，计算快捷，而且在一定程度上也具有较高的精度。与数理统计方法一样，经验模型也存在较大的数据观测需求、外延性较差、地域适应性弱等缺点。因此，经验模型主要面向较大空间尺度的流域径流分析和中短期趋势预报。一方面大型流域观测站点较多且数据序列长，能够满足建立大样本统计关系的需求；另一方面模型参数较少，易于在大的时空尺度上运行。与此不同，物理模型更加精细地描述了流域水文过程的各个方面，能够很好地揭示产汇流的机制，因此适用于进行流域水文过程剖析和变化机理研究。然而，模型参数的大量增加要求试验流域具备良好的观测基础，这在很大程度上限制了物理模型的应用。近 30 年来，随着冰冻圈观测的广泛开展和遥感技术的发展应用，数据来源、数据类型和数据量成倍增加，因此，物理模型的应用愈加广泛。

除了过程描述方法上的差异，水文模型在空间描述上也可分为两类：一类将目标流域作为一个水文单元整体对待，称为集总式模型或概念性模型；另一类依据空间异质性，将目标流域划分为多个相对同质的水文单元分别计算，然后进行汇总输出，称为分布式模型。集总式模型忽略了模型参数在空间上的差异，因此计算过程较为简单快捷；分布式模型能够更为客观地表述流域现实，但计算复杂，所需参数也较多。分布式模型通常根据研究目的和数据可用性，将流域分割为若干相同大小的计算单元，这些单元构成了计算格网，单元的大小即为模型的空间分辨率。格网数量越多，模型表述就越接近于实际过程，但计算量也会成倍增加。为了调和精细描述与计算量增加之间的矛盾，有些模型采用了不规则网格的分割方法，如将面积较大的同质下垫面划为一个网格，而将面积虽小但作用显著的下垫面独立划为网格，因此称为半分布式水文模型。不规则格网的分割方法更接近于实际的空间特征，但对模拟环境提出了更高的要求。

分布式模型的实质是进行模型参数的空间化分布，因此，无论经验模型还是物理模型，都可以采用分布式的计算方法。由于物理模型更多地采用分布式的表述方式，因此，经常称为分布式物理模型，习惯上简称为分布式模型，而一些概念性模型采用子流域或格网进行分布式计算时也可称为分布式模型。因此，读者需要根据模型描述的差异予以区分。

在流域水文模型中，有一类称为陆面水文模式或大尺度水文模型，它们应用于较大的区域尺度上，基于物理过程详尽地描述了大气-植被-土壤之间的水分和能量平衡过程，并与汇流模型相结合完成了流域内产汇流相关过程的综合数学表述。由于陆面水文模式通常能够与大中尺度的气候模式相耦合，面向大尺度的水文模拟，因此习惯称之为陆面模式，但其实质仍然是分布式物理水文模型。

流域尺度的水文模拟是定量预估未来水文变化的重要手段，也是国际关注的热点。

目前预估气候变化下区域/流域水文过程的方法，主要是利用 GCM 气候变化情景预估数据驱动水文模型进行分析，即首先通过选定的 GCM 得到未来不同情景模式下全球气温、降水、辐射等的变化情况，通过统计降尺度或动力降尺度（RCM）获得与所用水文模型空间尺度相适应的气候资料，从而驱动模型运行，对未来该地区或流域的水文变化过程进行预估（图 2.18）。

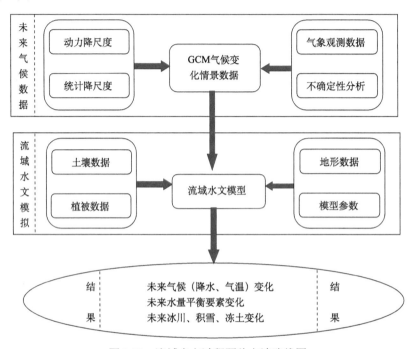

图 2.18　流域水文过程预估方法路线图

在这一过程中，未来气候变化情景设置、GCM 的模拟精度与空间降尺度算法等过程决定了气候驱动数据的准确性，其中水文工作者可能涉及降尺度方法的选择。动力降尺度法是利用与 GCM 耦合的区域气候模式 RCM 来预估区域未来气候变化情景。它的优点是物理意义明确，不受空间范围和观测资料可用性等的影响，但计算量很大，且受到GCM 中提供边界条件的约束。动力降尺度在原理上不受空间分辨率的限制，但受到模式原理与边界条件的制约，过高的分辨率不一定能反映局地气候的真实特征，反而可能造成模式对温度、降水等要素预报的系统误差显著增加。

统计降尺度法利用多年的观测资料建立大尺度气候状况（主要是大气环流）和区域气候要素之间的统计关系，并用独立的观测资料予以检验，最后应用于 GCM 输出的大尺度气候信息，从而预估区域未来的气候变化情景。统计降尺度法需要建立大尺度气候预报因子与区域气候预报变量间的统计函数关系式：

$$Y = F(X) \tag{2.5}$$

式中，X 为大尺度气候预报因子；Y 为区域气候预报变量；F 为大尺度气候预报因子和区域气候预报变量间函数关系。一般说来，F 是未知的，需要通过动力方法（区域气候模式模拟）或统计方法（观测资料确定）来得到。X 包含了大尺度气候状态，F 包含了区域或局地的地形、海陆分布和土地类型等信息。统计降尺度方法通过广泛的气候变量分析建立针对特定地区的不同尺度间气候要素的变化关系，具有可以纠正 GCM 的部分系统误差、计算量小等优点，得以广泛应用。

2. 常见包含冰冻圈要素的水文模型

对于相同的过程，采用不同的参数化方案与计算策略，就形成了各种不同的水文模型。在过去的一个世纪内，水文模型伴随着水文学和空间技术的发展而发展，目前应用较多的有 70 多种，表 2.2 列出了在冰冻圈水文研究领域常用的一些水文模型。目前大多数水文模型融合了积雪水文过程，如采用度日因子算法的 HBV、PRSM、SRM 等集总式水文模型，以及采用能量平衡融雪算法的 DHSVM、DWHC、WEB-DHM 、CLM、VIC 等分布式物理模型和陆面模式。冻土作为一个特殊的下垫面特性，其不透水层阻止了融雪水及降雨的入渗，提高了流域的产流量，冻土区流域蓄水量、下渗强度和蒸发能力与非冻土区也存在很大差异。为此经过 PPILPS、GEWEX-GCIP 等项目的开展，冻土陆面过程方案得到很大的发展，在最近发展的一些分布式物理水文模型和陆面水文模式中也都将冻土水文过程考虑了进去，如 CRHM 、WEB-DHM 、CLM、VIC-CAS、ITP-SIB2 等。少数考虑到冰川水文过程的水文模型对于冰川水文过程的描述也相对简单，多数仍然为度日因子模型，没有考虑冰川运动及汇流过程，如 HBV、SPHY、WaSiM 等。总体上看，目前国内外常用的流域水文模型中，全面包含冰冻圈要素的极少且描述较为简单。

表 2.2　常见水文模型中的冰冻圈要素描述

模型分类	模型缩写	积雪模块	冻土模块	冰川模块
集总式/概念性水文模型	HBV	有	无	有
	SRM	有	无	无
	TAC-D	有	无	有
	UBC	有	无	有
	WASMOD	有	无	无
分布式水文模型	CBHM	有	有	有
	CRHM	有	有	无
	DHSVM	有	有	无
	DWHC	有	有	有
	IHDM	有	无	无
	MIKE-SHE	有	无	无
	SWAT	有	无	无
	SWAT-Luo	有	有	有
	GBEHM	有	有	有
	SPHY	有	无	有
	TOPMODEL	有	无	无
	WEB-DHM	有	有	无
	WaSiM	有	无	有

续表

模型分类	模型缩写	积雪模块	冻土模块	冰川模块
	CLM	有	有	无
	CoLM	有	有	无
陆面水文模式	ITP-SIB2	有	有	无
	LSM	有	有	无
	SVAT	有	有	无
	VIC-CAS	有	有	有

　　CBHM 模型是目前较为完善的、适合寒区流域的分布式水文模型。它较好地包容了不同时间尺度的气象因子空间插值方法、固液态降水分离及观测误差校正方法、高寒区典型植被截留和蒸散发过程、冰川融水径流算法、风吹雪及积雪消融过程、冻土水热耦合过程及冻土面积估算方法等（图 2.19），该模型输入变量较少且数据易于获取。模型可

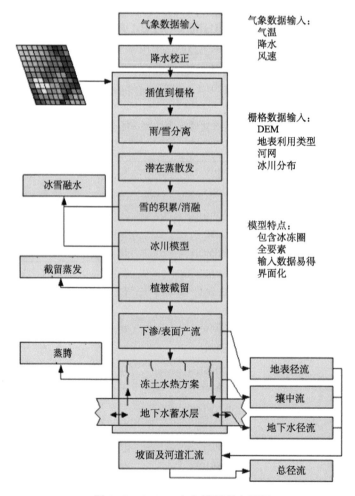

图 2.19　CBHM 水文模型基本框架

输出冰冻圈要素、水量平衡要素等变化数据。此外,在黑河计划中发展的耦合山区冰冻圈水文过程和生态过程的分布式水文模型 GBEHM,也能够对冰冻圈水文过程、生态过程,以及坡面水文特征进行系统地描述。

3. 冰雪消融过程模拟

冰雪消融的计算总体上可以分两大类:一是基于气温的统计模型;二是基于物理过程的能量平衡模型。

气温是反映辐射平衡状况的一个综合指标,因而与冰雪消融量之间存在良好的相关关系。度日因子模型是应用最广泛的气温统计模型之一,它基于冰雪消融与气温尤其是正积温之间的线性关系而建立,其一般形式为

$$M = \text{DDF} \times (T_a - \text{TT}) \tag{2.6}$$

式中,M 为某一时段积雪的消融水当量;DDF 为度日因子;T_a 为气温(℃);TT 为融雪的临界温度,一般取 0℃。在应用中,度日因子一般设为固定值,然而度日因子实际上是气温以外其他因素的综合体现。例如,冰雪反照率的变化在很大程度上影响了度日因子的取值;地形因素(坡度、坡向)也对度日因子产生影响。因此,许多研究尝试在模型中引入其他变量,以提高模拟精度。例如,融入辐射变量后的度日模型一般可写为

$$M = \text{DDF} \times (T_a - \text{TT}) + \alpha R \tag{2.7}$$

式中,α 为辐射调整系数;R 为太阳短波辐射或者净辐射。度日因子模型以气温作为模型主要变量,数据容易获得且易于进行分布式计算。

能量平衡原理是冰冻圈水文研究的重要理论基础,也是物理水文模型的基石。能量平衡原理遵循能量守恒定律,通过对地表或其他层位能量来源与消耗项的分解,研究下垫面的水热变化过程。冰雪表面的能量平衡方程一般可写为

$$R + H + \text{LE} + G + Q_r + Q_M = 0 \tag{2.8}$$

式中,R 为净辐射;H 为感热通量;LE 为潜热通量;G 为地下/冰下热通量;Q_r 为降水传递的热量;Q_M 为冰雪消融热。地表能量收入为正,输出为负。对于不同冰雪界面,除热通量的计算方案及部分参数取值有所差异外,其基本计算原理和方案并无明显不同。

净辐射是指冰雪表面接收到的短波辐射与长波辐射的代数和,其计算可通过地表辐射平衡方程进行计算:

$$R = R_s(1 - \alpha) + \text{LW} \downarrow - \text{LW} \uparrow \tag{2.9}$$

式中,R_s 为太阳短波辐射;LW↓为大气长波辐射;LW↑为冰面长波辐射;α 为地表反照率。

感热通量和潜热通量均为湍流热通量,分别是由于地表处空气的运动所造成的热传递和水汽相变热交换。在冰雪表面湍流模拟中,以基于空气动力学原理的整体法应用较多,其基本表述为

$$H = \rho c_p c_h (\theta_z - \theta_s) u_z \tag{2.10}$$

$$\text{LE} = \rho c_e L (q_z - q_s) u_z \tag{2.11}$$

式中，c_p 为大气热容；L 为蒸发或升华的汽化耗热；c_h 和 c_e 分别为感热和水汽的湍流输送系数；u_z、θ_z、q_z 分别为高度 z 处的风速、位温和比湿；θ_s、q_s 分别为地面的位温和比湿。

降水所引起冰川表面能量平衡变化包括两个部分：一是温暖的雨水降到冰雪表面所传输的感热；二是降到低于 0℃冰雪表面的雨水再冻结所释放的热量。降水感热输送量（Q_{rh}）可表达为

$$Q_{rh} = P_i \rho_w c_w (T_r - T_s) \tag{2.12}$$

式中，P_i 为降水强度；ρ_w 为水的密度；c_w 为水的热容；T_r 为雨水的温度；T_s 为冰雪表面的温度。雨水再冻结释放的热量（Q_{rf}）可表达为

$$Q_{rf} = P_i \rho_w L_f \tag{2.13}$$

式中，L_f 为水与冰的相变潜热。

冰/地下热通量是指冰/雪层内因垂向温度梯度而损失或增加的热量，可依据傅里叶定律进行计算：

$$G = k \cdot dT / dz \tag{2.14}$$

式中，k 为冰/雪的热导率；z 为冰雪层深度；T 为冰雪温度。

对于积雪的模型描述可划分为单层型和多层型。单层型模型将积雪看作整体，计算整个积雪的融雪量。这类模型在水文模型中的融雪方案中多见，它们只关注融雪水量，或限于热量交换和表面温度而忽略雪层表面冻融、辐射进入等更细致的能量过程，所推算的变量大多和计算融雪水出流相关，使用度日因子法的模型可看做单层模型的一种特殊类别。多层模型根据模型的自身目标而采取不同的分层方案。相对较简单的如 DHSVM 模型将积雪分为表层和下层两层处理。一些更细致的模型如 SNOWPACK 等可以针对积雪做出非常细致的垂向分析。从根本上讲，无论是将积雪作为整体考虑，还是进行细致分层，都遵循"加热—达到最大持水量—融雪出流"这一融雪规律。得益于遥感观测技术的发展，使得积雪的空间分布动态可以与模型所模拟的动态进行对比。

在获得上述各能量分量后即可得到冰雪的消融热（Q_M），进而可以计算其消融量：

$$M = Q_M / (\rho_w L_f) \tag{2.15}$$

在一个流域或水文单元中，冰雪融水形成后通常不能全部形成径流，而是有一部分损失，这种计算单元内水量的变化用水量平衡模型进行描述，可表示为

$$\Delta S = M + P + W - E - I - Q \tag{2.16}$$

式中，ΔS 为计算单元的水量变化量；M 为冰雪消融/冻结量；P 为降水量；W 为地下水补给量；E 为蒸发量或升华量；I 为渗入土壤或基岩的水量；Q 为单元径流量。水量平衡模型遵循质量守恒定律，将单元内所有进出的水量予以考虑，在实际应用中，可以根据单元内水量的组成进行变化，或者忽略部分次要变量以简化模型。

4. 冻土水文模拟

能量平衡与水量平衡原理同样适用于冻土研究区的水文模拟，然而由于下垫面的差异，平衡方程中各分量的组成发生了一些变化。在能量平衡式（2.8）中，地表无积雪时

冰雪消融量 Q_M 不复存在，而地热通量 G 则占有更大的比例；在水量平衡式（2.16）中，可能增加地表植被的截留与散发项。此外，与冰雪作用区重点关注地面的能量与水量平衡不同，冻土作用区聚焦于活动层（多年冻土）或冻结深度（季节性冻土）内的能水变化过程。因此，在冻土水文模型中，土壤中热量的传输和水分的迁移占据了重要地位。

土壤热量和水分传输耦合方案分别采用经典的土壤能量传输过程方程和非饱和土壤水运动方程进行描述：

$$C_s \frac{\partial T}{\partial t} - \rho_i L_f \frac{\partial \theta_i}{\partial t} = \frac{\partial}{\partial z}\left(k_h \frac{\partial T}{\partial z}\right) - \rho_l c_l \frac{\partial q_l T}{\partial z} - L\left(\frac{\partial q_v}{\partial z} + \frac{\partial \rho_v}{\partial t}\right) \tag{2.17}$$

$$\frac{\partial \theta_l}{\partial t} + \frac{\rho_i}{\rho_l} \frac{\partial \theta_i}{\partial t} = \frac{\partial}{\partial z}\left[k_w\left(\frac{\partial \psi}{\partial z} + 1\right)\right] + \frac{1}{\rho_l} \frac{\partial q_v}{\partial z} + U \tag{2.18}$$

式中，C_s 和 T 分别为土壤体积热容和土壤温度；ρ_i 为冰的密度；L_f 为冻融潜热；θ_i 和 θ_l 分别为冰和水的体积含水量；k_h 为土壤热导率；k_w 为不饱和土壤水力传导率；ρ_l 为水密度；c_l 为液态水热容；q_l 为液态水通量；q_v 为水汽通量；L 为蒸发潜热；ρ_v 为土壤中水汽密度；ψ 为土壤水势；U 为土壤水通量汇源项。下面将以 SHAW 模型（Flerchinger and Pierson, 1991）为例，对其中主要参数的解析进行介绍。

热导率 k_h 是计算冻土水热过程的基础，SHAW 模型将土壤中的空气、水、冰及土壤颗粒看成一个概念性整体，计算如下：

$$k_h = \sum m_j k_j \theta_j / \sum m_j \theta_j \tag{2.19}$$

式中，m_j、k_j 和 θ_j 分别为土壤中各种成分组成（砂土、粉沙、黏土、有机物、水、冰和空气等）的权重因数、热导率和体积含量。

非饱和土壤的水力传导系数 k_w 和土壤含水量的相对饱和程度有一定的关系，SHAW 的计算方案为

$$k_w = k_{mat}(\psi_a / \psi)^{(2+3\lambda)} \tag{2.20}$$

式中，k_{mat} 为饱和基质势传导率；ψ_a 为进气压力；ψ 为水势；λ 为孔隙大小分布指数。

SHAW 模型假设冻土的水力传导系数类似于非饱和土壤，同时假设当孔隙度低于 0.13 时，冻土的水力传导系数为零。冻结过程的水力传导系数的计算依赖于未冻水含量的确定，含冰土壤土水势会受到土内冰晶表面饱和水气压的控制。SHAW 模型利用冻土冰点下降方程来描述并确定冻土中的未冻水含量：

$$\theta_l = \theta_s \left[\frac{1}{g\psi_a}\left(\frac{L_f T}{T + 273.15}\right) + \frac{cR(T + 273.15)}{g}\right]^{-\lambda} \tag{2.21}$$

式中，g 为重力加速度；c 为溶质浓度；R 为普适气体常数。

地表水分入渗是地面水转化为土壤水和地下水的唯一途径。非冻结期的土壤下渗可以通过常规入渗方法计算，如 Horton 和 Kostiakov 入渗公式等。冻结期的地表入渗量可利用与地表水量、土壤含水量等有关的经验公式进行计算，或者利用 Green-Ampt 入渗模型计算下渗。Green-Ampt 入渗模型是基于干燥均匀土质在薄层稳定水头下的入渗率（INF）：

$$INF = k_s[1 + (\theta_s + \theta_{ini})\psi_w / z]$$ （2.22）

式中，k_s 为未冻结时的饱和导水率；θ_s 和 θ_{ini} 分别为饱和含水量和初始含水量；ψ_w 为湿润锋面的水势；z 为入渗深度。

上述对于冻土内水热迁移过程的描述，本节仅给出了原理性的方程，以便读者初步了解模型所涉及的主要方面。这些数学方程均立足于物理过程的描述，可以看到，物理模型所涉及的方面纷繁复杂，参数众多，常常需要对某些过程进行合理的假设与简化。

参 考 文 献

刘天龙, 杨青, 秦榕, 等. 2008. 新疆叶尔羌河源流区气候暖湿化与径流的响应研究. 干旱区资源与环境, 22(9): 49-53.

Flerchinger G N, Pierson F B. 1991. Modeling plant canopy effects on variability of soil temperature and water. Agricultural and Forest Meteorology, 56: 227-246.

思 考 题

1. 冰冻圈地表环境观测从哪些方面展开？
2. 水文断面设立的基本要求是什么？观测项目主要有哪些？
3. 对于一个多年冻土分布小流域，如何建立野外观测系统？
4. 冰冻圈水文化学研究中的主要分析指标包括哪些？
5. 进行冰冻圈水文模拟的主要途径有哪些？其主要特点分别是什么？

延 伸 阅 读

张文煜, 袁九毅. 2007. 大气探测原理与方法. 北京: 气象出版社.
丁永建, 张世强, 陈仁升. 2017. 寒区水文导论. 北京: 科学出版社.

第**3**章
冰冻圈的消融及产汇流过程

冰冻圈是以固态水形式存在的圈层,其固-液态相变过程是径流产流的基础,因此,冰冻圈的消融过程是冰冻圈水文关注的重点内容之一。同时,冰冻圈自身既是径流形成的来源,作为特殊下垫面又影响着径流的产汇流过程,而不同的冰冻圈要素,其产汇流过程亦存在较大的差异。一般而言,冰冻圈区域的产汇流过程,体现在不同时段区域内储水量的变化。冰川的积累和消融过程、冻土活动层的冻结和融化过程及雪的积累和消融过程是能够形成冰冻圈产流和汇流的基本过程。而河/湖/海冰由于直接与水域接触,融化的水进入河、湖、海中,不能直接形成径流,也就没有产汇流。因此,本章重点介绍冰川、冻土和积雪的产汇流过程,而对河/湖/海冰主要介绍其融化过程。

3.1 雪冰积消和产流

雪和冰的积累与消融是研究雪冰形成、发育和变化的基本过程,反映积累和消融的综合指标为物质平衡。雪、冰在一年内不同季节或一个完整的水文年内,积累量和消融量之差称为物质平衡(以水当量表示),简单以下式表示:

$$B = C - A \tag{3.1}$$

式中,B 为物质平衡量;C 为积累量;A 为消融量。对于积雪而言,物质平衡一年内为零,只在一定季节内有值,且始终为正值;对于冰川而言,物质平衡可正可负,且多以年为计算单位。

3.1.1 雪的积消与产流

雪的积累和消融过程周期一般为一年,从冬季积雪形成到夏季积雪全部融化,构成一个完整的积累和消融年。在多数情况下,夏季积雪消融殆尽,且即便在高山区有降雪出现,也很难较长时间积存,很快就会消融。夏季积雪能够积累下来的地方,只有在冰川积累区,在积累区形成的积雪是冰川物质平衡的组成部分,不属于积雪概念范畴。

1. 积累

由上述不难看出,积雪是覆盖在陆地表面的雪层,其存在时间一般不超过一年,即积雪是季节性的。地表的积雪在积累和消融过程中会经历变质作用、密实化、风吹雪、崩塌、蒸发/升华、融化和再冻结等物理过程，从而导致积雪性质和物质量的变化。在冰川、海冰和河/湖冰等冰体表面，往往会有雪存在。这些雪层通常被看作是这些冰体的一部分。

降雪在地表积存下来而形成积雪，其在地表存留的时间主要受气候条件控制。在暖季，降雪在接触地表后可迅速消融，或在几天之内消融，这种积雪被称为瞬时积雪。瞬时积雪往往发生在海拔较低的地区，在消融季节海拔较高的地区也可出现。在冷季，降雪事件发生频繁，积雪时间超过几周或几个月。每次降雪形成的积雪由于新、老雪物理特性上的差异，因而具有多层特征。雪层的最初性状由降雪时候的天气状况决定，而后续雪层的演化则由雪层内部的变质作用控制。积雪厚度（雪深）由降雪量的大小决定，而消融再冻结、风吹雪等因素也可能导致积雪厚度的变化。

2. 消融

积雪的消融是指积雪物质损失的总和，包括蒸发、升华、消融、风吹雪损失等。这里先简要介绍积雪的消融，蒸发和升华在后面专门论述。积雪消融中辐射融化和平流融化是两种主要的方式。

（1）辐射融化。积雪融化主要源自太阳辐射，而气温是影响积雪消融最直接的因素。然而，积雪的反射率决定了雪面接收的太阳短波辐射能量，冬季积雪的高反射率和低的太阳高度角限制了积雪对太阳短波辐射的吸收，因而积雪得以保存。随着春季到来，积雪的变质及密实化导致积雪表面反射率下降，太阳入射辐射增强，开始了积雪的融化。

（2）平流融化。当强暖湿气流来到积雪区上空时，暖湿气流通过下列方式传递给积雪能量：暖气流中水汽和降水云系的云底向下发射的长波辐射、降水本身的热量，以及强劲风速吹过粗糙地面时造成的向下湍流热通量，强劲的湍流能够破坏暖空气在 0℃雪面上形成的近地层大气的稳定（中性或逆温）结构，如果有树林存在，则更为有利。雨水的热量一般在 40～60J/g 量级，与 335J/g 的融化潜热相比，数量十分有限，约每克雨水的热量仅能融化 0.2g 雪，但降水导致的对雪面反射率的降低则更为重要。

3. 物质平衡与产流量

雪的积累、消融过程涉及降水（固态和液态）、升华/再冻结、蒸发/凝结、融雪，以及风吹雪等，其中降雪是积雪的主要来源，融雪则是积雪物质的主要损失量，蒸发与凝结、升华与再冻结是两个同时发生的过程，即雪中液态水不断蒸发的过程伴随着水汽凝结过程，冰晶升华的过程伴随着水汽再冻结过程，而风吹雪是积雪在水平空间上再分配的过程。积雪的物质平衡可用下式表示：

$$\Delta M = P - S + F - E + C + B - R \tag{3.2}$$

式中，ΔM 为积雪总物质变化量，除雪层自身外，不仅包括了雪层中的冰晶，也包括了液态水含量；P 为降水；S 和 F 分别为升华和再冻结；E 和 C 分别为蒸发和凝结；B 为风吹雪的迁移量，迁出为负，迁入为正；R 为融雪量。此处需注意的是 R 表示融雪水从雪层中流出的量,如果仅仅发生相变,水分依然保持在雪层中,只是增加了雪层的液态水含量,雪层物质就保持不变。积雪物质平衡变化过程,也就是雪的产流过程。从产流的角度,积雪的产流量也可表示为

$$R = P - S + F - E + C + B - \Delta M \tag{3.3}$$

4. 主要影响因素

气温和降水是影响积雪积累和消融最直接的因素:降水直接决定了积雪的物质来源,温度则控制了降雪和积雪消融过程的发生。除了气温和降水外,海拔、地表植被状况、坡度、坡向和风等也对积雪的积累和消融过程有一定的影响。

（1）气温。气温是反映热量的综合指标,主要通过影响降水的形态（降雪、降雨和雨夹雪）来影响积雪的累积过程。然而区分降水各种形态的温度阈值并不是固定不变的,而是与海拔和相对湿度密切相关。在不同区域,降雨和降雪过程发生的温度范围也存在差异。

（2）降水。在北半球冬季及高海拔山区,大部分地区降水主要以降雪的形式出现。降雪是积雪过程的主要物质来源。降水的海拔分布是形成积雪分布海拔效应的主要原因。和地形、森林植被等因素相比,积雪深度的海拔分布效应更加显著。

（3）地表植被状况。植被,特别是森林,对积雪的积累和消融过程有显著影响。在大陆性气候显著且森林和灌丛广泛分布的地区,森林、灌丛、草地等截留的积雪通过升华和蒸散发等方式进行消耗,是影响积雪积累过程最重要的因素之一。同时,地表的植被特征对降雪遮蔽以及导热差异等都会影响雪的再分配。秦岭地区的研究表明,林分类型和降雪量是森林地区地表积雪空间分布的主要影响因素,积雪的类型也有一定的影响,不同林分对降雪过程的拦截率为19.2%～48.6%,且针叶林对积雪的拦截效果优于阔叶林（党坤良和吴定坤,1991）。

（4）风吹雪和地形。风是积雪重新分布的主要动力来源,不仅影响到某一地区的积雪量,还影响积雪的再分配;地形（如山谷和山脊）和地表覆被情况（主要指裸土、植被和灌丛）的差异显著影响风吹雪的结果。在某些积雪丰富的山区,风吹雪是控制地表积雪发展和积雪空间分布异质性的主要因素,风速和积雪年龄,特别是表层积雪的性质决定风吹雪程度。在青藏高原广大区域内,由于冬季降雪量少、雪的含水量低、地表植被等阻力较小,风吹雪对雪的积累过程影响巨大。

3.1.2 冰川的积消与产流

1. 一般概念

（1）冰川积累是指冰川（冰盖）收入的物质总和,包括冰川表面的降雪、凝华、再冻结的雨以及由风及重力作用再分配的吹雪、雪崩等。

（2）冰川消融是指由冰川（冰盖）上损失物质的总和,包括冰川消融、蒸发、冰崩和风吹雪损失等。

冰川消融通常包括：①冬半年积雪的消融，即从消融结束到消融开始期间积雪的消融，主要发生在消融区（图3.1），有少量来自积累区；②消融区冬季积雪的消融；③附加冰带消融；④夏季降落在冰川消融区的固、液态降水；⑤纯冰川冰的消融，消融区裸露冰面，冰内和冰下消融称为纯冰川冰消融；⑥冰面蒸发和雪面升华；⑦冰舌末端冰体崩塌，以及风吹雪所损失的冰雪量。冰川消融可以用下式表示：

$$A=AW+AS+AF+AP+AI+EI+AD \tag{3.4}$$

式中，A 为冰川总消融（mm）；AW 为冬半年季节性冰川消融量；AS 为冬季积雪消融量；AF 为附加冰带消融量；AP 为夏季固、液态降水量；AI 为消融区冰川冰消融量，包括冰面、冰内和冰下消融量；EI 为冰面蒸发量和雪面升华量；AD 为崩塌或风吹雪形式脱离冰川体的物质。

冰面积雪升华和融水蒸发是冰川消融的一个重要方面。升华和蒸发都是冰川吸收潜热的表现，因而与近地表层的风速、气温、雪（水）温和下垫面特征等有关。

2. 消融方式

冰川消融主要包括裸冰消融、积雪消融、液态降水、表碛区消融、冰川存储释放、水汽凝结等。不同冰川的融水组成可能存在较大差异，这主要与冰川的结构、类型、下垫面特征及冰川区的气候、地形等条件有关。

（1）裸冰消融。对于大多数冰川而言，较为平整的裸露冰面为冰川的主要消融区，是冰川融水的主要来源。

（2）积雪消融。消融区内的积雪融水主要由两部分组成：一是冷季降雪在消融期来临后发生的消融；二是夏季消融期内降雪的消融。在欧洲、北美洲、南美洲、新西兰等地，受来自海洋的暖湿气团的影响，冰川区的冬季降雪非常丰富，至次年春季到来后，存储于冰川消融区的积雪开始快速消融，从而构成了春季冰川融水的主要部分。夏季融雪径流在冰川融水中也占有一定比例，特别是对于夏季积累型冰川，如天山的科其喀尔冰川，冬季降水量仅占全年降水量的11%，大量降水出现在夏季，且在冰川中上部以雪的形式出现。在该冰川的融水径流中，夏季积雪融水占冰川总径流的20%左右。

（3）冰崖消融。冰崖消融是裸冰消融的一种特殊形式，因冰体断裂、坍塌、差异消融等形成的陡峻冰坎或冰坡称为冰崖（图3.1）。由于冰崖的分布处于消融区的下部，其裸露冰面消融异常强烈，如天山科其喀尔冰川冰崖的年均消融强度是裸冰区的2.2倍，而在喜马拉雅山南坡的 Lirung 冰川，冰崖面积仅占冰川总面积的1.8%，但提供了69%的冰川融水（Sakai et al., 1998）。

（4）冰内及冰下消融。由于冰川垂向的结构差异，以及冰川运动、水力及热力对冰川的侵蚀作用，冰川内部及底部常发育有复杂的排水通道。地面融水径流通过冰裂隙（图3.2）、冰井等进入冰川内部，并沿冰内的排水通道向下游迁移。由于融水对通道侧壁和底部的动力冲刷和热力侵蚀作用，部分冰体发生消融并汇入其中，冰内通道随之扩大。冰川底部在有大量融水通过时也发生类似的过程。此外，来自于底部基岩的热量也能够促进冰川底部的消融。

图 3.1　天山科其喀尔冰川表碛区发育的冰崖

(a)　　　　　　　　　　　　　　　　　　　　　(b)

图 3.2　大陆型冰川（a）及海洋型冰川（b）冰裂隙示例

3. 影响的因素

1）气温

冰川消融的主要热源为太阳辐射热，其次为湍流交换热。前者占总热量收入的 60.5%～92.1%，后者占 6.6%～35%，这一比例随大陆干旱度的增大而增大，具有明显的地域性。气温是反映辐射平衡、湍流交换热等热状况的综合指标，冰面消融通常与气温相关关系良好，而气温受海拔、冰面性质、坡向、天气状况等因素的影响。

2）降水

降水会带来热量，强降水过程也会强烈冲刷冰面的雪及其他松散物质，从而加速冰面消融。

3）吸光物质

山地冰川表面及内部并不是纯冰，还存在黑炭、粉尘、内碛等吸光物质。在强消融期，山地冰川表面消融，大量深色碎屑及石块在冰川表面形成污化面，能够吸收更多的热量，从而加速了冰川的消融。此外，黑炭对冰川消融也有重要影响。全球气候模式

（GCM）的模拟表明，东亚和南亚的黑炭气溶胶对平流层中部和底部的升温贡献约 0.6°C，这与温室气体的贡献相当（Meehl et al., 2008）。

4）表碛覆盖

在热量收入中，耗于冰面消融的热量与冰面性质有关，对裸露冰面而言，90%以上的热量供冰面消融，粒雪为 80%～88%；当冰面覆盖有大量表碛时，冰面消融的耗热量最少，如消融区覆盖有大量表碛的珠峰绒布冰川冰面消融耗热只占总热量的 33%。下垫面的性质对冰面消融供热的影响，主要与冰面反射率有关。

发育于陡峻山谷中的大型冰川，由于冰雪崩及冰川运动对基岩的侵蚀，常带来丰富的岩石碎屑，并在冰舌部分形成连续的表碛覆盖，如喀喇昆仑山 Mulungutti 冰川，末端附近的表碛厚度可达 3m。厚层的表碛对其下冰面的消融起到了强烈的抑制作用，但薄层表碛则由于其隔热作用微弱，且由于地表反照率降低，冰面吸收的太阳辐射增加，表碛覆盖反而有利于冰面的消融（Nakawo and Young, 1982）。研究表明（Han et al., 2010），对于厚度小于 2cm 的薄层表碛，薄层冰碛覆盖则有利于冰川消融，10cm 厚的表碛能减少约 10%的消融量，而 20cm 厚的表碛则一般要减少 56%左右的消融量。

5）冰川类型

同风吹雪类似，冰崩既是冰川常见的积累形式，同时也可能是冰川重要的消融途径。发育于山区的悬冰川、冰斗冰川及两者之间的过渡型冰川（冰斗-悬冰川），由于冰舌末端常终止于陡峭的山坡上，在重力、气候等作用下，末端的部分冰体易发生崩解而脱离冰川。

对于发育于寒冷地区的部分山谷冰川或冰帽，冰崩的影响也非常重要，如在我国的昆仑山、羌塘高原、冈底斯山、喜马拉雅山和喀喇昆仑山等地区的部分山地冰川，冰川末端发育大量冰崖，且呈直线分布于山谷中。冰崖的消融及结构变化容易造成冰崖崩塌，崩塌体散落于冰崖根部附近，因表面积增加而使消融得以加速。

4. 冰川物质平衡

1）冰川（冰盖）表面的分区

根据融水产生及再冻结发生的特点，可将冰川划分为积累区和消融区（图 3.3）。积累区和消融区以平衡线为界，平衡线是指冰川一年物质收入等于支出的界线，即平衡线处的年积累量等于年消融量，亦叫冰川零平衡线。冰川积累主要发生在平衡线以上的粒雪盆，也称积累区，平衡线以下称为冰川的消融区，消融区也有物质收入，一般为季节性积雪积累。在消融区，冰川的消融量始终大于积累量。在平衡线以上的积累区，也有消融，随着积累区海拔增加，消融逐渐减少。积累区接近平衡线的区域，积雪消融能够形成融水径流、又在雪层底部形成再冻结的附加冰带，因此，这一地带被称为附加冰带。有融化、但不能形成融水径流的界线被称为粒雪线。附加冰带处于平衡线和粒雪线之间，粒雪线以上的广大积累区，即便有雪的融化，只在雪层形成渗浸冻结作用，但没有融水的损失，所以这一区域消融量为零（没有物质损失）。

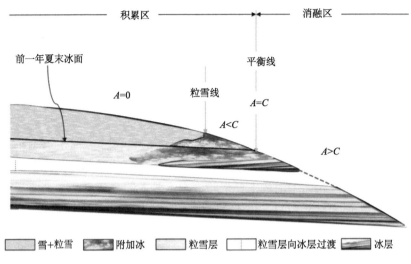

图 3.3　冰川（冰盖）表面分带示意图

2）冰川物质平衡

物质平衡由冰川区能量收支状况所决定，冰川区能量平衡状况决定了冰川积累和消融的盈余与亏损，也就决定了冰川生存状态。同时，冰川的运动、温度及动力过程均受冰川长期能量平衡状态的影响，因此，冰川能量平衡是决定冰川和冰盖物理过程、动力响应机制的关键因素。

根据式（3.1），对于一条冰川而言，当 $B<0$ 时，冰川消融大于积累，冰川为负平衡；反之，当 $B>0$ 时，冰川为正平衡；当 $B=0$ 时，冰川处于平衡态。冰川一定时段内的负平衡导致冰川退缩，长期正平衡冰川就会扩张，平衡态的冰川将处于稳定状态。对于持续处于负平衡的冰川，由于大量消融过去储存于冰川上的水体，在一定时段内产流量会显著增加，导致冰川融水径流增大；反之，对于较长时间处于正平衡的冰川，冰川融水量在一定时段内会减少。处于稳定状态的冰川，冰川产流量反映了一定时段内的平均值。某一年冰川的负平衡或正平衡，表示这一年冰川产流高于或低于平均产流量。

5. 冰川的产流

从冰川水文学的角度来看，从冰川中融化的水量，亦即产出的水量是关注重点。冰川的产流来自于消融或损失总量（A）与蒸发、雪冰升华、风力及重力作用下造成的雪冰迁出等量的代数和。根据式（3.4），冰川产流量可用下式表达：

$$\text{RI}=（\text{AW}+\text{AS}+\text{AF}+\text{AP}+\text{AI}+\text{AD}）-（\text{EI}+\text{WF}+\text{FF}） \tag{3.5}$$

式中，RI 为冰川产流量；WF 为冬季融雪再冻结量；FF 为附加冰带融水再冻结量，其他符号见式（3.4）说明。式（3.5）中，第一个括号内各项和表示冰川总融化量，第二个括号内各项和表示融化后没有形成径流的量。

冬季消融量（AW）。冬季一般多发生在海洋型冰川上，包括积雪和冰的消融，且可以产流。对于大陆型冰川，这种消融较少，一般不会产生融水径流。

冬季积雪消融量（AS）。冬季在冰川表面形成的积雪，主要在春节开始融化。在消融区融化的积雪除少量蒸发外，全部形成径流；在积累区的积雪有部分融化，融化的积雪在附加冰带有部分产流，而在粒雪线以上融化的雪不产流，会再冻结形成冰透镜体。

附加冰带消融量（AF）。如上所述，附加冰带有一定量的积雪消融，消融的积雪一部分形成径流；另一部分再冻结形成附加冰，成为冰川的一部分。

夏季固液态降水量（AP）。夏季在冰川上有固态降水，也有液态降水。固液态降水均成为径流的组成部分从冰川上流走。

冰川冰消融量（AI）。冰川冰消融主要发生在消融区，当冰面上冬季积雪消融完毕后，就开始融化冰川冰。冰川冰的消融包括冰面、冰内和冰下的冰川冰，冰面冰的消融主要是辐射融化，冰内和冰下消融主要依赖液态水带入的热量融化并产流。

消融区冰雪崩损失量（AD）。在冰舌较陡峻的冰川上，会发生冰、雪崩现象，由于其靠重力损失，而不是依赖辐射能量，其损失量在消融计算中往往被忽视，而其也是冰川物质损失并形成径流的组成部分。对极地冰盖边缘、冰帽及平顶冰川等冰川地形高于周围地形的冰川区，风吹雪造成的冰川物质损失非常重要。例如，在南极大陆沿海地区，内陆冷空气向沿海移动，形成强劲的下坡风，从而将大量积雪从冰川上剥离。据估计南极东部因风吹雪造成的物质损失约达冰川年积累量的6%（Van Den Broeke and Bintanja，1995）。

冰面蒸发和升华（EI）。积雪升华和融水蒸发也是冰川消融的一个重要方面。升华和蒸发都是冰川吸收潜热的表现，与近地表层的风速、气温、雪（水）温和下垫面特征等有关。水的蒸发潜热是冰的融化潜热的 7.5 倍，而冰的升华潜热是冰的融化潜热的 8.5 倍。如前所述，虽然我国大陆型冰川的消融在量值上依然以冰雪融化形成径流为主，但蒸发（升华）过程所消耗的巨大能量对于发育在干旱区域的大陆型冰川的生存有着极其重要的意义。气温升高和风速增大都有利于潜热的吸收。由于冰川融水的温度维持在较低水平（0～3℃），因而融水蒸发与常规水体相比较小。依据相关风吹雪模型计算发现，加拿大落基山脉计算得到的积雪升华量为总降雪量的 20%～32%，其中风吹雪升华损失量为 17%～19%（MacDonald et al.，2010）。据测算，北半球中纬度山区积雪升华量可达年降雪量的 20%以上（Zhang et al.，2008），因而对冰川物质平衡产生直接影响。

3.2 雪冰融水汇流过程

雪、冰汇流过程主要研究冰雪下垫面径流的运动过程及其影响因素，包括运移途径、汇流时间、运动速度、水量变化等方面。由于水流运动的主要场所是积雪、冰川等非稳定下垫面，汇流过程中固态水的融化和液态水的冻结都对冰冻圈下垫面的结构及水力特性等产生了重要影响，从而使汇流过程更为复杂，这是冰雪汇流过程区别于降水坡面汇流的主要特点。

3.2.1 积雪融水汇流过程

降雪是低温天气的产物，因而积雪经常与季节性冻土共生，特别是在冬春两季，降雪量较大，对河川径流的补给作用强，冻土对融雪汇流的影响也非常显著，主要表现在对坡面流和壤中流影响两个方面（图 3.4）。

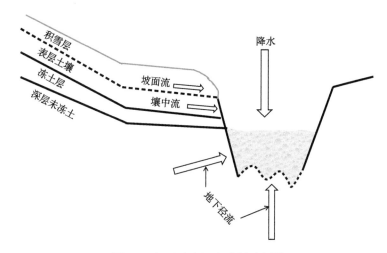

图 3.4　积雪融水汇流过程示意图

从积雪的形成到雪层中持续径流的产生，需要经过地表消融、融水下渗、含水量增加、饱和产流等过程。在消融初期，气温升高到 0℃以上，雪面温度快速升高并发生消融，当融水很少时，水分无法自由移动，在表面张力的作用下被吸附于雪粒表面。消融继续增强，自由水分增多，并沿雪粒空隙向下渗透，在迁移过程中，水分可能因下层积雪的冷储释放而冻结，同时释放出潜热使雪层温度升高。当雪温升高到 0℃时，液态水不再冻结，水分被下层雪粒吸附或继续向下迁移，雪层含水量升高。随着气温的持续升高，融水快速增加，水分的不断下渗使整个雪层的温度和含水量增加。融水接触地面以后，主要有两种运动形式：一是通过下渗形成壤中流；二是当到达地表的积雪融水超过表层土壤的下渗能力，或者表层土壤处于饱和状态时，直接形成坡面径流。

和降水的产流过程不同，在融雪过程中，积雪下伏的土壤层多处于冻结状态（仅有表面薄层土壤因积雪融水的能量输入而处于融化状态），由于冻土的不透水性，积雪融水难以通过下渗补给土壤，而是通过坡面汇流到达河道。在山区的春季，积雪的隔热保温性使季节冻土能长时间维持较低温度而不受气温变化的影响。当气温快速升高导致积雪大量融化时，地表冻土的低透水系数能够促进融雪径流的快速形成和运移，同时抑制了水量的下渗损失。因此在我国新疆、黑龙江、内蒙古等地区，春季融雪量大时易形成融雪性洪水，其中季节性冻土起到了重要的促进作用。

在冰川作用区，融雪径流也非常活跃。冰川积累区中，积雪（粒雪）是冰川下垫面的主体，为整个冰川提供了物质的补给和部分径流输送。与非冰川下垫面积雪融水的初期迁移过程类似，雪层中的水分也经历了表面融化—雪粒吸附—下渗—冻结升温—下渗的运移过程。所不同的是，在冰川区冰面、粒雪冰、粗粒雪等为弱透水面，界面相对光滑，且由于积雪的孔隙度较土壤大，融雪径流一旦产生，其水量增加较快，汇流速度也较大。同样由于雪层较大的孔隙度和消融停止后雪中自由水分冻结的发生，径流的退水历时也相对较短。

3.2.2　冰川融水汇流过程

冰川融水产生后，可以沿冰川表面、冰内和冰下三种途径抵达冰川末端，而这三种途径又相互沟通，构成了复杂的冰川排水系统（图3.5）。不同类型、规模的冰川，其排水系统和汇流过程也有较大差异。

对于一条冰川，大部分融水会沿冰川表面的裂隙、冰井等开放构造进入冰川内部，少部分沿冰面或冰川两侧汇至末端。通常情况下，由于融水汇流的路径较长，水流对冰内及冰下水道的侵蚀和改造作用强烈，大型冰川的冰内及冰下排水系统较小型冰川更为发育，汇流过程也更为复杂。冰内及冰下水体一般有以下4个来源：① 地表水流汇入，包括冰雪融水和降雨通过冰裂缝、冰裂隙或竖井进入冰床底部；②冰床摩擦、地热释放或水流侵蚀造成的冰川底部融化；③ 水流热力和动力侵蚀造成的冰下排水通道管壁融化；④地下水等冰川外水体的汇入。

影响冰川汇流的因素，除地形坡度以外，主要与冰川类型、长度、冰碛、冰湖等水文单元特征、积雪分布、冰川裂隙及其分布特征等有关。对于规模很小的大陆型和极大陆型冰川，冰川裂隙和水内通道不发育，汇流主要发生在冰雪面和冰下，汇流时间主要与冰面坡度和长度有关；若冰面有表碛覆盖，则冰面汇流受表碛覆盖特征的影响，增加了汇流过程的复杂性，在一定程度上延缓了汇流时间。对于大中型山谷冰川和海洋型冰川，其汇流途径复杂多变。冰湖的蓄水或溃决过程、冰内裂隙和冰下通道的形成与演变、冰川运动等都会对汇流过程产生直接的影响。

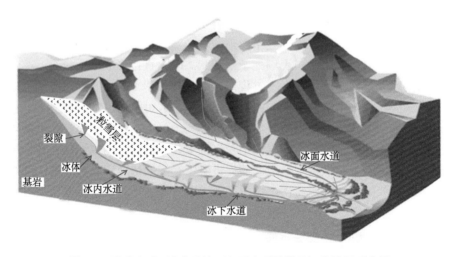

图3.5　消融冰面、冰内及冰下主要水系通道及汇流途径示意图

1. 冰面汇流

在微地形及冰面结构的影响下，冰雪融水会迅速沿冰面向低洼处汇集。如果冰面流

比较集中且水量较大，则冰面能够在水流的动力冲刷和热力侵蚀作用下形成冰面河（图
3.6）。冰面河的深度与其形成时间的长短和输送水量的大小等有关，从数厘米到数米不
等，河的两侧陡直，底部平整、光滑。在冰盖、冰帽及大型山谷冰川的消融区，冰面河
可能相互联通而形成巨大的冰面排水系统（图 3.7）。冰面排水系统与流域的地表径流网
络类似，呈树枝状分布，但也存在自身的特点：①水系发达，干流发育弱，由于冰面的
夏季消融集中且非常强烈，水系中冰面河的数量多、密度大，但由于冰川向下游的运动

图 3.6　天山科其喀尔冰川冰面河

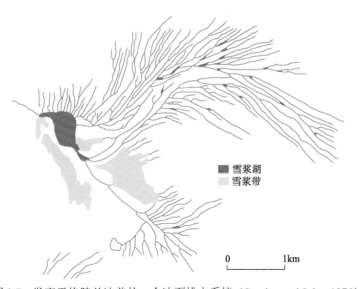

图 3.7　发育于格陵兰冰盖的一个冰面排水系统（Sugden and John, 1976）

和冰面的快速消融，难以形成深且宽大的干流；②冰面河的局地分布呈现平行的趋势，冰面河易于发育在冰面结构的薄弱处，如密度差异明显的冰层结合部、弧拱构造的底部、支冰川与主冰川的结合部、冰面的低洼处等，这些结构和地形特征本身具有沿冰川横向或纵向平行发育的特征，因而反映在冰面河的分布特点中；③冰面水系的密度向上游递减，这与天然的山谷水系明显不同，这是由于冰川下游的气温较高，冰面消融较上游强烈，因而水系也更发达；④冰面河的位置不固定，变化较快，冰川运动与冰面的快速消融使得冰面的结构和微地形发生快速变化，因而对冰面河的发育产生了较大的影响。

2. 冰内汇流

对于多数山地冰川和小冰帽，由于冰川物质交换频繁，冰面水系的发育程度有限，仅有少部分的冰川融水沿冰面到达冰川末端。大部分融水则通过冰裂隙或冰井进入冰内或冰下，通过冰川内部和底部的排水系统输送至出口。当冰面河的横断面上产生冰裂隙时，冰面径流被冰裂隙所截流，在冰面河入口处就形成了冰井[图 3.8（a）]，即便两边的裂隙因冰川运动闭合后，冰井仍能存在较长时间。冰井同喀斯特地貌中的落水洞有类似的形态，多发育于冰川结构较脆弱的区域，如冰裂隙、不同密度冰层的结合部等。通过测量冰井的三维结构[图 3.8（b）]，可以看到冰井由上部竖直向下，局部可呈阶梯状或螺旋状，在深部逐渐向冰川下游倾斜。邻近的冰井间可能有横向的管道连通。受输入水量多少及排水能力大小的影响，冰井内的水位变化较为剧烈。当融水输入急剧增多时，

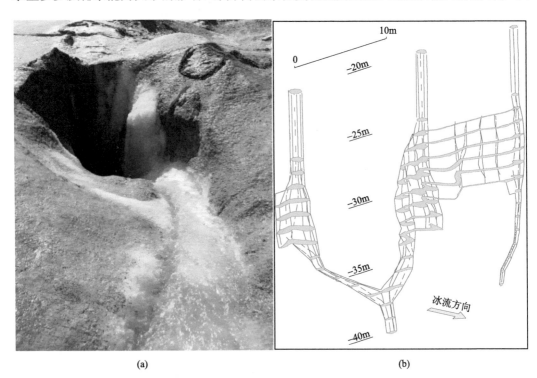

(a)　　　　　　　　　　　　　(b)

图 3.8　冰川竖井及瑞典 Storglaciären 冰川观测到的冰井三维结构（Holmlund，1988）

由于内部通道扩张较慢，多余水量不能得到及时输送而暂存在冰井中，造成水位上涨；而当冰面消融减弱，融水减少时，水位可能快速降低。当两个或多个冰井间因新的冰裂隙产生而贯通后，则可能发生水位的快速升高或降低。

除冰井及其连接水道外，冰川内部还发育着很多横向水道（图 3.9），水道直径从冰川上部的数毫米到消融区的数米不等。这些水道呈树枝状或辫状交错分布，可能源于积累区粒雪内的水流管路，因成冰作用而保留下来，后经流水的融蚀作用而发展壮大，或者由冰面河、冰裂隙等演化而来。

图 3.9 科其喀尔冰川内部侧向水道出口

3. 冰下汇流

冰下水系的发育同融水量、冰川底部温度、冰床地形条件等有关，总体上可归为两类：分散式排水系统（树枝状系统）和分布式排水系统（街道式系统）。

（1）分散式排水系统是指冰下的水道呈树枝状分布，所有支流最终汇集到若干条干流中而到达冰川出水口。由于水量集中，分散式排水系统的水流速度快，输水效率较高。构成分散式排水系统的水道可分为以下几种：①R 形水道，水道的上部及两侧切入冰内，而底部为基岩，与冰面流的方向受坡度控制不同，R 形水道的伸展方向主要受水力梯度的影响，因此水道不一定沿冰川坡面向下发育，也可能沿侧向或逆坡分布；②N 形水道，水道向下切入冰川基岩，顶部为冰川冰或底碛，N 形水道是由于融水在较大的水力梯度作用下长时间冲刷冰床而形成，如在 V 形冰床或粗糙冰床上，易于发育 N 形水道；③隧谷，在有利的水力及地质条件下，N 形水道不断扩张，形成宽大的 U 形冰下河谷，称为隧谷，与冰川融水的输送需求相适应，N 形水道易于发育在中上部冰床，而在冰川下部及末端附近，融水较为集中，则易于发育隧谷。

（2）分布式排水系统是指冰下水系呈面状分布，且占据了较大或全部的冰床面积。分布式排水系统有水膜、连通穴、辫状流、孔隙流等几种形式：①水膜，如果冰川底部处于压力融点，且冰床为渗透性较弱的基岩，则由于冰川底部的消融，能够在冰川与岩石界面间形成薄层水膜，水膜的厚度一般仅数毫米；②连通穴，连通穴是由发育在冰-岩界面上的空穴相互连通形成的排水系统（图 3.10），受空穴间狭窄通道的影响，连通穴内的水流速度较慢，如果通道变窄或封闭，则空穴中的水可能暂时留存于冰川系统中；③辫状流，在冰床均由松散的冰碛物组成时，较易形成由 N 形水道相互交错构成的辫状流网络，其形态类似于径流量较小时宽广河道中形成的辫状流；④孔隙流，又可称作达西流，同土壤中的孔隙流类似，对于以上的分布式排水系统，可能独立或复合发育在某一冰川的底部，这主要与融水的供给、冰川温度、冰川结构、冰床的组成、底部地形等密切相关。

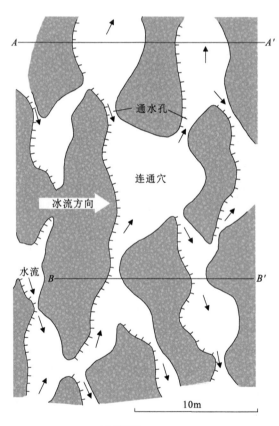

(a) 平面图

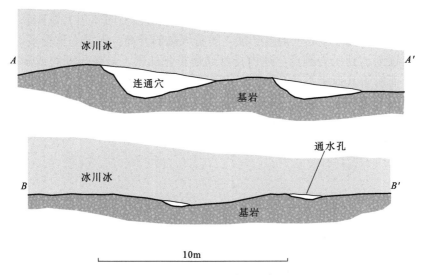

(b) *A-A'*及*B-B'*剖面分别显示冰下排水系统中的连通穴及通水孔

图 3.10　连通穴网络示意图（Kamb，1987）

4. 储水构造

冰川融水在向冰川末端迁移的过程中可能因排水不畅而滞留于冰川中，造成冰川融水的存储。冰川的储水构造包括积雪和粒雪层、冰裂隙、冰川湖、冰内空腔、冰下空穴及冰川的排水网络。存储于冰川中的融水会随新生融水的汇入和储水构造的变化而排出，其时间尺度从数日到数年不等，因而会对冰川末端融水径流的变化产生重要影响。

1）冰面积雪储水

对于降雪较为丰富的海洋型冰川，积雪对融水的截流作用非常显著。当湿雪带表层的积雪消融后，融水下渗进入粒雪层，一部分重新冻结并释放出热量使雪层温度升高；另一部分融水则受下部冰川冰的阻挡而沿粒雪层侧向运移，从而形成了类似于潜水的粒雪含水层。含水层厚度主要与粒雪中的水力梯度和排水能力有关，也受气候波动等外部因素的影响。例如，斯堪的纳维亚半岛的 Storglaciären 冰川，消融期内粒雪含水层的厚度可在 2~5m 波动（Jansson et al., 2003）。

2）冰内与冰下储水

冰裂隙和冰井是冰川融水进入冰内及冰下的主要冰川构造，当排水不畅时，部分融水可能滞留于冰裂隙或冰井中存储。通过冰井结构的测量和冰井水位的变化可大致估算出冰井的储水量，但对于冰裂隙和冰井等开放式冰川构造，所能存储的水量非常有限。冰内横向的排水网络也具有一定的储水能力，其储水量由排水管路的输水效率决定。

3）冰湖储水

与现代冰川或冰川作用相关的大型蓄水结构可统称为冰湖，根据其发育的地点或结构特征，主要分为冰面湖、冰川阻塞湖和冰碛阻塞湖等。

冰面湖是山地冰川上常见的一种冰面储水构造，常发育于冰川消融区的低洼或排水不良地带[图 3.11（a）]。冰面湖的发育与演化在不同类型的冰川上存在显著差异。在温冰川上，冰面湖大多形成于消融初期，随着气温的升高，入湖水量增多，库容增大；同时，冰温逐渐达到压力融点，冰内排水通道扩张加剧，最终与湖底或湖岸相通，冰面湖溃决。而对于其他类型的冰川，冰川温度始终低于压力融点，冰面湖则可能存蓄数年，直到因动力或热力作用使排水通道打开而溃决[图 3.11（b）]。除冰面湖外，在冰川末端形成的冰碛和冰川阻塞湖，也可拦截大量冰川融水，并影响冰川水文过程。

(a)

溃决前水位线

(b)

图 3.11　科其喀尔冰川冰面湖 2007 年 7 月 5 日蓄满（a）及 7 月 18 日发生溃决后（b）的景观

3.3　冻土冻融与产汇流过程

多年冻土的冻融过程主要发生在冻土活动层，冻土活动层底部具有隔水底板作用，季节冻土的冻结主要发生冬季，多年冻土和季节冻土的冻融过程均对流域的产汇流有重要影响。

3.3.1 冻土活动层

多年冻土中地面以下冬季冻结、夏季融化的土层称为活动层。活动层厚度通常是指多年最大融化深度。活动层以下常年冻结的岩土，即多年冻土（图 3.12）。通常将地面以下开始出现多年冻土的层面称为多年冻土的上限；将多年冻土层下部地温为 0℃的位置称为多年冻土的下限；多年冻土上限和下限之间的垂直距离为多年冻土的厚度。

在一个自然年内，随着气温的变化，活动层内的土壤可经历一次完整的冻结和融化过程。活动层内土壤温度对气温变化的响应具有滞后效应，其滞后时间随着深度的增大而增加。多年冻土与大气之间的水热交换主要发生在活动层内，其冻融过程与活动层内的温度密切相关。在多年冻土中，通常将一个自然年内地温不随气温变化而变化的深度称为多年冻土地温年变化深度，从冻土上限到地温年变化深度以内的土层称为多年冻土地温年变化层。因此，地温年变化层内的多年冻土地温随着气温的变化发生周期性的变化，并且地温的变化幅度随着深度的增大而减小。在年变化深度处，地温年变化幅度为 0℃。鉴于现有设备的监测精度，通常是将地温年变化幅度为 0.1℃处的深度确定为地温年变化深度。不同冻土区的年变化深度差别很大，在极地低温多年冻土区，年变化深度一般在十多米至数十米，在青藏高原高温多年冻土区，年变化深度一般在 10m 以内，个别地区仅 3～4m，略大于同区域的活动层厚度。

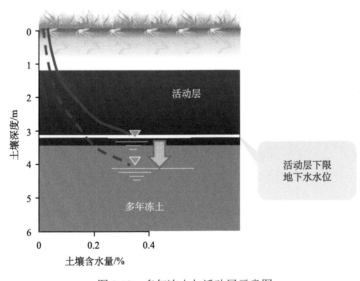

图 3.12 多年冻土与活动层示意图

3.3.2 冻结与融化过程

多年冻土活动层内发生的冻结与融化过程可划分成 4 个阶段，即夏季融化过程、秋季冻结过程、冬季降温过程和春季升温过程。在冻结和融化过程中，土壤水开始发生固液相变的界面分别称为冻结锋面和融化锋面。随着冻土冻融过程的进行，冻土活动层内会发生形式不同的热量传导，水分会发生有规律的迁移。下面以美国阿拉斯加巴罗（Barrow）1 号站点 2006 年全年的地温和含水量观测数据为例（http://gtnpdatabase.org/activelayers/view/235），分析各阶段的水分迁移特征。

（1）夏季融化过程：随着夏季地表温度升高，融化锋面逐渐下移，同时土层中的重力自由水在重力作用下向融化锋面渗透和迁移。随着地表水分不断蒸发变干，土壤中的毛细水向地表迁移，在温度梯度的驱动下，活动层内的薄膜水向下迁移。从热量传输看，融化锋面上的热传导和对流传热均较活跃，而在融化锋面之下，传导性热传输占绝对优势（图3.13）。

（2）秋季冻结过程：秋季冻结过程可以划分为两个阶段，即由活动层底部向上的单向冻结阶段，以及底部和地表发生双向冻结的"零幕层"阶段。单向冻结阶段自活动层底部发生向上冻结的时刻开始，到地表开始形成稳定冻结的时刻为止；"零幕层" 阶段从地表形成稳定冻结开始，到冻结过程全部结束为止（图3.13）。

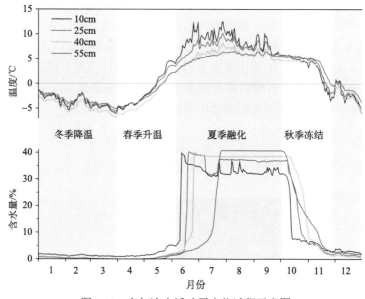

图 3.13　多年冻土活动层水热过程示意图

在单向冻结阶段，随着冻结锋面向上移动，活动层底部的水分在温度梯度和薄膜水迁移机制的驱动下从未冻结层向冻结锋面迁移、冻结，水分整体呈向下迁移趋势，热量则从未冻结层向冻结层传输。在未冻结层中，也存在少量由温度梯度驱动的传导性热传输和由水蒸气驱动的对流性热传输，随着冻结过程的进行，对流性热传输逐渐增大，并成为热传输的主要部分。

在"零幕层"阶段，活动层中发生双向冻结，温度在土壤剖面中呈现中部高、两端低的特征，水分迁移主要是薄膜水迁移机制。根据"零幕层"的发展特征，冻结可以划分为两个时期，即快速冻结期和相对稳定冻结期。地表形成稳定的冻结层初始，未冻结层上部的冻结锋面快速下移，同时，未冻结层中的水分不断向冻结锋面迁移、冻结，在水的相变放热过程中，热量也从活动层的中部向上下两侧传输。之后，冻结锋面从上向下的移动速率明显减小，进入"零幕层"的相对稳定冻结期。在这一阶段，水分继续从未冻结层向两侧的冻结锋面迁移，并在冻结锋面处冻结、放热，此时未冻结层中的热量传输完全通过水热同步耦合传输实现，活动层的冻结部分以传导性热量传输为主（图 3.13）。

（3）冬季降温过程：在活动层的冻结过程全部结束后，随着气温进一步下降，开始了冬季降温过程，这一阶段活动层中的温度上部低、下部高，温度梯度逐渐增大，传导性热传输是这一阶段热量传输的主要方式，同时伴有微弱的未冻水迁移。

（4）春季升温过程：随着春季气温升高，活动层进入春季升温过程。此时，土壤表层的水分蒸发量增大，含水量降低，水分从活动层内部向地表发生向上的迁移，但是由于温度低，迁移量较小，此时的热量传输仍以热传导为主。在升温阶段后期，地表附近出现日内冻融循环，白天土壤表层融化，水分蒸发，夜间土壤冻结，形成冻结锋面，此时活动层内部的水分也有向地表冻结锋面迁移的趋势（图 3.13）。若地表有积雪，则可能会阻止地表附近的日内冻融过程的发生，同时由于融雪水的补给，土壤表层的含水量会明显增大，此时活动层内的水分不会向表层迁移。当地表不再发生日内冻融循环，完全变为融土时，春季升温阶段结束。

经过上述 4 个过程，活动层完成了一个冻融周期。活动层中的水分在秋季冻结过程和夏季融化过程中向下迁移量较大；而在冬季降温过程和春季升温过程中，水分的迁移量较小。在土壤的冻融过程中，水分向冻结锋面的迁移量与冻结速率有关，土壤冻结得越慢，锋面处水分的增加量就越大。在多年冻土活动层底部附近，由于温度波动幅度小，速率慢，其冻结过程进行得比较缓慢。因此，活动层中的水分在经历了一个冻融周期后，总体上有向活动层底部，也就是多年冻土上限附近聚集的趋势，从而导致多年冻土上限附近逐渐成为富冰区。这就是在多年冻土上限附近通过重复冻融过程形成分凝冰的物理机制，通过该机制形成的地下冰也称为孔隙冰（pore ice），如北极阿拉斯加地区多年冻土上限附近的含水量从 1963～1993 年约增加了 5%。

季节冻土的年内冻融过程具有明显的季节性规律，一般根据是否有土壤冻融现象分为冻融期和无冻期。冻融期又可以进一步分为四个时期，即不稳定冻结期、稳定冻结期、不稳定融化期和稳定融化期。在稳定融化期结束和不稳定冻结期开始之间的时期是无冻期。在不同地区，各时期的起始和结束时间有一定差别。在不稳定融化期，气温会在 0℃ 附近波动，并不总是发生融化过程，有时也会因为气温低于 0℃ 而发生日内的融化冻结循环。在不稳定冻结期，也并不总是发生冻结过程，也会因为气温高于 0℃ 而发生融化现象。季节冻土在冻融期间也会发生水分迁移。在冬季冻结期，土层向下冻结，水分向冻结锋面迁移和凝结，增加了冻结深度内的总含水量（包括冰和未冻水含量）。夏季升温之后，土层由地表和冻结深度底部发生双向融化，水分向冻土内部迁移，冻结深度内的液态水处于饱和或者近饱和状态，而地表浅层由于蒸发又处于非饱和状态。

3.3.3　冻融过程与产流

冻土分布区由于冻结和融化过程的存在，其产流过程是热力场和重力场耦合作用的结果，冻土区径流形成的过程中需要考虑土壤水相变的影响：

$$R=P-E+R_s+W(t) \tag{3.6}$$

式中，R 为径流量；P 为降水量；E 为蒸散发量；R_s 为融雪径流量；$W(t)$在春季融化时为土壤水分容量变化的温度临界函数，秋季冻结时为冻结层上地下水径流-温度函数。式（3.6）前三项实际上为常规的水量平衡方程，第四项为冻土地区融化和冻结过程活动层内水分变化项。

在夏季融化和秋季冻结过程中，活动层和季节冻土中经历了复杂的水热耦合过程，同时对壤中流的变化产生重要影响。此外，冰-水相变的时空差异加剧了冻土区土壤水力学参数的空间分异。在土壤冻结过程中，冻结和半冻结土壤及岩层中水的相变，改变了土壤-岩石层的导热系数、热容，同时改变了土壤-岩石层的结构，土壤-岩层的有效孔隙度和土壤田间持水量减小，从而改变了土壤液态水分-土壤水势关系和层中的水力传导率，最终改变了未冻水的流向、流速、流程和流量。因此，传统重力势主导的孔隙水运动理论和方法不适用于冻土中土壤水分运移过程。冻土中的潜热输送随冰-水相变产生季节变化，从而形成了多年冻土区特殊的土壤水分特征曲线。土壤冻结促使水分向冻结锋面聚集，并在适当条件下使产流过程由重力势主导向基质势控制转变，从而形成了独特的产流和入渗过程。与非冻土流域坡面产流受控于土壤水分场不同，冻土流域坡面产流过程中，冰-水相变温度场起到了主导作用。寒区流域坡面饱和、蓄满产流和超渗产流多种形式并存并相互转化，形成了寒区流域土壤温度控制的变源产流模式。

冻融过程对蒸散发和地下水补给也产生了重要的影响。多年冻土和季节冻土都可视为相对隔水层，阻碍了水分的向下渗透和对深层地下水的补给。活动层融化时其底部土壤含水量增大，从而影响表层土壤含水量和水分迁移过程。同时，由于活动层内土壤水的冻融过程伴随较大的潜热的吸收或释放，相当部分能量用于冻土融化，用于蒸发和蒸腾的能量减少，因此，冻土对蒸发特别是夏季蒸发具有明显的抑制作用（图3.14）。

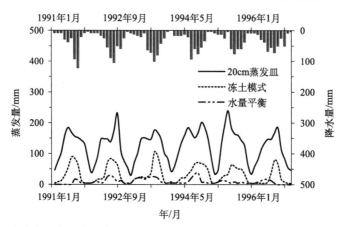

图3.14 青海省玛多站在考虑冻土与不考虑冻土下模拟的蒸发量与观测蒸发的对比

地下冰是多年冻土区特有的现象。地下冰的形成对水资源而言是"汇"，在多年冻土稳定时期则体现为水资源的存储功能，在多年冻土退化时期地下冰融化从而起到"源"的作用，因而影响了区域水资源的长期分布，体现为对径流的长期调节作用。随着气候变暖，地下冰融化并参与到水循环中。由于其作用过程缓慢，现有的观测资料还难以定量给出地下冰对产流的直接贡献，但其影响依然不能忽视，因为估算的全球地下冰储量超过了山地冰川的储水量。

同为冻土，多年冻土区与季节冻土区在产流过程上存在着差异，具体包括：

（1）多年冻土区存在一些特殊的冷生冰缘地貌，包括冻胀丘、冰锥、石环等，对局地产流具有一定影响。

（2）多年冻土区地表水与地下水的水力联系通常比季节冻土区弱：多年冻土区冻土层下水上升到地表的机会较少，与冻土层中水和层上水之间的水力联系也较弱。同样，冻土层上水一般只入渗到活动层底部，很难补给冻土层下水，而季节冻土仅仅在冬季冻结期间使地表水与地下水的联系受到限制。

（3）多年冻土区与季节冻土区的植被类型有一定差别，通常情况下，多年冻土区的植被根系较浅，持水能力较弱。二者的生态水文过程的差异较大，从而对流域产流的影响也不同。

3.3.4 冻土区汇流过程

传统的单一线性汇水理论不适用于寒区流域汇流过程，而需要应用冻融循环控制的非线性理论与方法。在冰冻圈诸要素中，对流域汇流过程影响最大的是冻土，这是因为冻结层的存在阻隔或抑制了土壤水下渗，从而增大了地表径流。在冻土流域，冻土层的弱透水性使得流域大部分融雪和降雨很难下渗到深层土壤，增加径流的同时，缩短了汇流时间。从空间上看，多年冻土覆盖率较高的地区通常具有产流率高、直接径流系数高、径流对降水的响应时间短和退水时间短等水文特性。

多年冻土区的径流峰值通常出现在春夏之交，此时降水和融雪产流量较大，冻结层的隔水作用较强，下渗率低。随着时间推移进入夏季，活动层逐渐融化，冻结面下降，隔水作用逐渐减弱，地表径流量开始减弱。在冬季，由于冻结层抑制了地下水对径流的补给，因此冬季径流量小，如果区域冻土覆盖率为 100%，则冬季径流量甚至可能接近于零。西伯利亚勒拿河（Lena）流域内不同冻土覆盖率的子流域的径流年内分配（图 3.15）直观地说明了这一点。多年冻土覆盖率最高的站点 K 的径流在 5 月春汛期开始增加，并迅速地达到了径流峰值。夏季径流量较高、径流季节变化大。随着冻土覆盖率的降低，这种特征逐渐减弱。在多年冻土覆盖率小于 30% 的站点（A，B，C 和 D），径流量的季节变化明显较小。

季节冻土同样具有隔水层的作用，这种水文效应随着季节冻土的融化而消失，从而对汇流过程产生影响。季节冻土在冻融过程中对土壤含水量的时空分布产生直接影响。在不稳定冻结期，雨雪入渗增加了土壤的含水量；稳定冻结期内，因为深层土壤水和潜水发生水分迁移和冻结增加了锋面的含水量；融化期融雪和降雨增加了入渗水量，同时冻土融化释放的水分会改变冻土层中水量（图 3.16）。以上作用造成季节冻土区在冻融期比无冻期的径流系数高，增强了流域的产流能力。季节冻土的隔水作用，不仅体现在冻结期隔断冻土层上及层下的水分交换，水分调蓄作用也是其隔水效应的一种表现。封冻期冻结在河道和土壤中的水量将在融化期释放补给地下水。同时，冻结层上水在冻土融

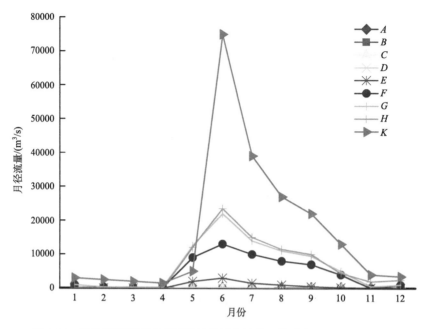

图 3.15 勒拿河流域不同观测站的月平均流量（修改自 Ye et al., 2009）

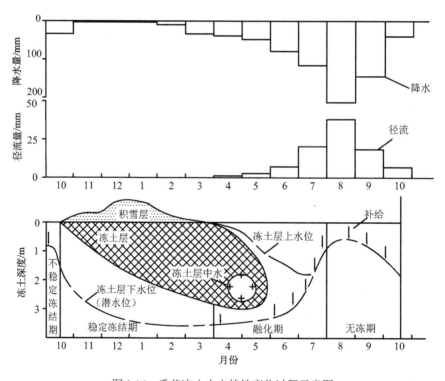

图 3.16 季节冻土水文特性变化过程示意图

化后能够以重力水的形式补给地下水，因此降水补给地下水的时间明显滞后。只有当冻土全部融化之后，降水与地下水位的变化才建立直接的关系。与多年冻土近似，季节冻土隔水层的存在也有一定的生态水文效应。季节冻土冻结期土壤蒸发能力显著降低，表层蒸发几乎为零。滞留在冻结层中的水分较冻结前水分增加值可达 20%～40%，因此可以在冬春期间为植物提供可用的水分。

3.4 河/湖冰和海冰生消与运移

河/湖冰和海冰均为水体直接冻结形成的冰体，尽管河/湖冰为陆地冰冻圈的组成部分，海冰为海洋冰冻圈的组成部分，但作为水成冰的共同特点，其形成、发育、消融等过程具有较多的相似性。

3.4.1 河/湖冰的形成、融化与运移

1. 河/湖冰的形成与融化过程

河冰（图 3.17）通常是在水流流动环境中，气候和水文条件共同作用形成的冰体，其生消过程包含了复杂的热力学和动力学过程。而湖冰（图 3.18、图 3.19）虽然也受到风浪等动力作用影响，但相对而言，其形成的水文环境较稳定。河/湖冰多为一年生的，其生消过程除受热状况影响外，还与风力及水动力作用有密切关系。

(a) (b)

图 3.17 山西省吉县壶口冰瀑（a）和青海省祁连山疏勒河上游河冰（b）

图（a）http://dp.pconline.com.cn/photo/list_3237117.html

1）河冰冻结与消融过程

当水温降至 0℃时（河流一般没有过冷却现象），河面最先形成细小的冰针。在河岸附近流速较缓及水流紊动较弱的区域，冰晶上浮至水面，在水体表面形成且聚集在一起的一层连续薄冰，随着水体失热不断生长变大，形成"岸冰"。随着气温降低，河道中的流冰密度逐渐增加，在合适的水力条件下会形成连续的冰体覆盖、冰塞或冰坝等。随着

气温进一步下降，水-冰交界面上的持续冻结使得河冰增厚。另外，河冰表面积雪中的雪水冻结形成的雪冰也可以促进冰层增厚。

图 3.18 西藏三大圣湖之纳木错湖湖冰

http://blog.163.com/joy_zym/blog/static/14062154620103162633379

图 3.19 美国明尼苏达州苏必利尔湖湖冰

http://weibo.com/1644225642/Dj9XDzZJL?mod=weibotime&sudaref=www.so.com&retcode=6102&type=comment#_rnd1479087325917

当气温回升到 0℃以上时，河冰开始融化。由于砂砾石或岩石组成的河岸热容量较水体热容量小，岸边相对水域升温较快，岸冰首先消融并脱离河岸。同时，河流中部较深水域区冰层较薄或为没冻结的开放水域，河流水动力对冰的剪切破坏力也随着气温继续上升不断增加。在水流和风力作用下冰体发生断裂和破碎化，在河流中形成浮冰。浮冰受冰面辐射、冰下和冰体侧身水流热力影响而逐渐融化。

河冰冻融过程按照其形成和消融过程分为三个阶段：结冰期、封冻期和解冻期。

（1）结冰期是指河水由开始结冰到河冰达到当年气候条件河水能够冻结的最大范围的时间，一般指开始结冰到气温最低时为结冰期。结冰期不是以整条河流或湖泊完全封冻为结冰开始，而是自其形成结冰形态为临界判断。冻结过程主要经历三个阶段：①初冬季节，河道开始冻结成冰；②隆冬季节，浮冰持续增长、冰面雪和汇入的壤中流将冻结，继而发展成平整且很厚的冰面，但若没有河流上游多年冻土区地下水的渗入将不会形成厚度较厚的冰；③晚冬季节，冰体继续增厚并向下游发展（Woo，2012）。

（2）封冻期是指河流或河段的水流表面被固定冰层全部覆盖到开始解冻的时段。冰层虽未全部覆盖，但开放水面的面积小于该河段总面积的 20%时，亦属封冻。河流封冻期应该短于结冰期。

（3）解冻期是指封冻河流在热力和水流作用下冰体融化和破裂直至消亡的过程。河流解冻又称开河，开河有文开河和武开河之分。文开河是指以热力作用为主的开河。开河前由于太阳辐射强度增加，气温升至 0℃以上，水温亦增高，岸边、河心融冰相继出现，冰体的强度显著降低，破碎化增加，融化加速。文开河的特点是：水势平稳；没有集中的大量流冰，凌峰流量较小；部分冰块随水流溜走，另一部分冰块因水位下降塌落在浅滩就地融化；整个开河历时较长。武开河是指以水力作用为主的开河。开河前气温回升不明显，冰厚质坚，上游来水流量突增，水位猛涨，封冻冰体被水动力剪切破坏，并破碎化。来水量突然增大的原因是：上游气温大幅度升高，积雪大量融化或发生较大的降水；上游先开河，河槽蓄水量突然释放，形成明显的凌峰向下推进；也有的是上游水库加大泄量等。武开河常见于从低纬度流向高纬度的河段上。武开河的特点是：自上而下开河，历时短，水位变化迅猛而不稳定，流冰多而集中，易形成冰坝和凌汛。一般情况下，文、武兼有的开河形式更多见，即所谓的文武开河。文武开河是指在热力作用下，封冻冰盖已部分融化解体，继而上游来水流量逐渐增加导致开河。这种开河既有热力作用，又有水力作用。其特点介于文开河与武开河之间。在开河过程中，即使局部河段卡冰结坝，但因冰质不坚，不会造成严重凌灾。

多年冻土区河流消融开始时，背阴区的河冰和积雪融水可能再次冻结（可以出现夜冻昼消）；夏季气温低的少数地区，河冰可能并未完全融化就进入下一个冬季冻结过程（如位于西伯利亚印帝吉尔河的支流之一的 Moma 河谷）；同一区域不同年份河冰的冻结程度和形态随冻结时的水量和冻结位置而不同；冬季连续多年冻土区河冰的生成通常受控于地下水量的补给，但来水量补给源多、矿化度高的河流除外。

2）湖冰冻结和消融过程

湖冰与河冰冻结和消融过程有许多共同之处。湖冰一般在每年秋冬季冻结，次年春夏季消融。由于水陆热容量的差异，和河冰一样，湖冰的冻结和消融都从湖岸区域开始。

秋冬季随着气温下降，当水温降到 0℃以下时，在湖水中产生冰晶并发生冻结现象。当湖表面的水冻结成湖冰时，由于冰的反照率（约为 70%）远大于水的反照率（约为8%），进入湖泊的太阳辐射将进一步减少，水体的热通量和太阳短波辐射的减弱加剧了湖冰的进一步发展。春夏季由于气温的回升，湖冰发生消融。湖冰的变化体现出显著的季节特征。

冰厚是反映湖冰生消过程最为综合的指标。冰厚的变化一方面源于冰底的生长和消融；另一方面还源于冰面雪冰的形成与消融，对冰层的生消过程产生影响。由于融冰期气温的升高和雪冰的消融直接作用于湖冰表面，冰面的消融比冰底的消融更加快速。

湖冰冰情变化的时空差异明显。以高纬度寒区为例，高纬度地区相对靠南的湖泊冻结开始时间较晚，但靠北的湖泊解冻时间相对较晚；封冻持续时间也由亚北极的 7 个月到北极的 10 个月甚至更长时间，但也存在年际变化，温暖年份无冰时间延长，但在夏季气温低的年份，一些北极湖冰全年都未能完全融化；且在同一区域，面积小的湖泊相对面积大的湖泊拥有较短的无冰时间。从冰厚特征的空间分布看，亚北极地区湖冰厚度因没有北极地区冬季长和严寒而相对薄，但同一湖泊的湖冰厚度也不一样，沿着湖岸，湖冰从湖底开始冻结，初生岸冰因水位很浅不能发展到其最大厚度；冰面积雪厚的湖冰厚度相对较薄。

湖冰冻结由湖泊的热量净损失决定，消融则是热力和动力过程相互作用的过程，但流入湖泊的暖流会加速湖冰的消融，这种主导的放大作用将破坏冰层的完整性。整个解冻期，湖冰形状随着内部融化和融水对冰整体性的渗透破坏而改变。消融初期，平整的冰面变得粗糙并开始出现冰面融水；冰面消融引起冰体边界处垂直裂缝变大，冰面粗糙度和反照率增加；冰层内部的消融侵蚀使其附近的小河道从坚冰变成针冰；最后冰层失去黏合力而破碎消融。

3）影响河/湖冰生消过程的主要因素

河/湖冰的冻结和消融主要受气温、水温、流量、河流和湖泊地理位置和形态、地貌状况、水利工程等因素影响。另外，湖泊的冻融过程与湖水矿化度也有关系。

湖冰的生消取决于湖泊区域能量的垂直传输和气象因子的强迫。太阳短波辐射的输入对湖冰的生消具有重要的作用。从对湖冰生消的影响来看，湖冰反照率决定了进入冰层的太阳辐射能，对冰层和冰下水体的能量平衡产生影响。若湖冰上有积雪，积雪厚度和雪面特性可以影响反照率。若为无积雪的裸冰，反照率在冰层厚度较小时对冰厚比较敏感，在冰厚较大时主要取决于冰面特性。另外，除短波辐射外，水体的热通量对湖冰具有重要影响，冰生长速率与冰底热传导、冰表面温度和冰厚有关。

2. 河/湖冰的运移

与积雪、冰川的水分迁移过程不同，河/湖冰本身赋存于受限（河道、湖盆）或开放（海洋）的水体中，冰面消融后，融水能够迅速进入水体。浮冰随水流迁移的过程中，水热环境的变化可能导致冰体的滞留拥塞或融化消亡，从而对局地的水文环境造成影响。

1）河冰运移

河冰的形成一般最先出现于河岸边，即岸冰。随着岸冰的发展及水流的扰动，部分岸冰可能断裂后脱离河岸随水流一起运动形成浮冰，并在运移的过程中不断发展规模或逐渐融化。同时，若河流流速降低，河水内存在零度以下的过冷却水，则可形成水内冰，并与浮冰一起沿河道运移。

当河道中河冰所占面积较小时，河冰的运动速度主要受水流速度的影响，即运动速度由两岸向河中间递增。风力也能对浮冰的运动速度和分布位置产生影响，从而造成浮冰在某个方向上的聚集。当河道变窄或河冰规模变大而河道宽度不能满足冰流通量时，可能造成河冰沿河面的聚集，运动放缓或停滞，冰体间的冻结进一步加剧了河面阻塞，形成河面封冻。在冰层向上游延伸的同时，当遇到高流速河段时，冰层前缘停留在某一断面处而停止朝上游发展，此时，位于冰层前缘的上游河段将在水流的冲击下裂解形成冰块和冰花随水流下潜，同时颗粒状的水内冰也将不断产生，这些悬浮于水中的冰体将随水流输移并堆积在初封冰层底部形成初封冰塞。河面封冻使水流从明流变为封闭的暗流，过水断面湿周加大，水力半径减小，尤其是冰层、冰塞的阻塞作用，显著增加了水流阻力。水流变缓有利于水的冻结和冰层的扩张，冰塞情况加剧。通过冬季河面冰封、冰塞的发展过程可以看到，冰情变化的正反馈机制较为突出，河道中短时的冰体聚集将在较短的时间内演化为较大范围的冰封、冰塞，从而诱发凌汛，形成灾害隐患。因此，在实际的冰情调查中，应重视比降小、流速低和宽度发生变化等河段的冰流通量监测，在冰封发展初期即应采取疏导措施，避免冰情的加剧和灾害的发生。

当冰封、冰塞形成时，由于河流断面因冰流阻塞，水流通量减小，河流水位开始上升。若河川径流量较大或冰情快速恶化，则会导致水位快速上升，形成凌汛（图 3.20）。凌汛是河面冰封和冰塞的结果，多发生在冬春季河流水量较小且流速缓慢时，在前期零散河冰形成的基础上，强冷空气的突袭极易造成冰塞和凌汛。早期凌汛时，水位升高可能造成冰层的不均匀抬升而导致部分断裂，河水沿冰层缝隙溢上冰面后快速冻结而使冰层增厚或形成冰坝，进一步加剧了凌汛。凌汛一方面加大了河岸承压的负担，增加了决堤的风险；另一方面冰塞、冰坝是在自然条件下构筑的不稳定坝体，水头的增加使坝体底部压强快速增大，任何微小的扰动都可能造成坝体溃决，如气温回暖造成的冰体消融、微小水流对冰坝的侵蚀等。

图 3.20　2015 年 4 月黑龙江凌汛及爆破疏导

当气温回升，达到融点以上时，河流进入解冻期，冰面开始融化。通常，岸边升温较快，岸冰首先消融并脱离河岸。随着气温继续上升，冰层不断消融，最后在水流和风力作用下发生断裂，滑动并再次形成浮冰。这时，根据冰面的不同解冻形式，可分为文开河和武开河。如果流量变化小，水流作用不强，冰层主要在热力作用下就地融化，没有或很少有冰塞或冰坝危害，即文开河；反之，若流量快速增加，冰层并未充分消融，主要是在水流作用力下破裂解冻，即武开河。武开河形成的主要原因是在河道封冻期间，若上下游气温差异较大，当春季气温上升，上游融雪大量消融或河道先行解冻，水量增大并使水位快速升高，而下游河道仍然固封，冰水齐下冲击下游河道冰层。若大量冰块在弯曲形的窄河道内堵塞，则易形成冰坝，引起水位上升形成凌汛。

2）湖冰运移

对于小型的湖泊或水库，水流运动速度很小或呈静止状态，则在冬季降温时，易于自湖岸向湖心方向逐渐形成光滑连续的冰体，由于冰层与湖岸冻结且连为一体，没有运动发生。相反在消融期，湖岸因较低的反照率而吸收更多的热量，使岸冰首先融化，冰体逐渐与岸边脱离形成浮冰。冰面的差异性消融可能使湖冰分割为若干独立冰体。由于水流的运动微弱，浮冰可能在风力或水体垂向对流的作用下发生运动，但位移总体较小。

大型湖泊或水库的情况则有较大差异，一方面显著的潮汐作用使水流发生周期性涌动；另一方面水量的补给或者排泄也造成了湖水的运动。当气温低于 0℃时，潮汐溅起的水花首先依附于岸边而冻结，随着岸冰的积累，逐渐形成了向湖中方向伸出的悬空冰体。潮汐的继续冲刷和岸冰的持续积累，可能使岸冰断裂随潮汐进入湖中形成浮冰，一部分浮冰会在潮汐作用下被重新推至岸边；另一部分则可能沿湖中水流的方向运动。当湖水存在排泄通道时，浮冰可能顺水流进入河道，或大量浮冰堵塞于排泄口形成冰塞和冰坝，此种情况与河冰冰塞类似，也可能形成灾害风险。

在与冰川作用相关的冰碛湖、冰面湖和冰川阻塞湖中，浮冰的发育也较为常见，其形成除自然冻结成冰外，冰川末端的崩解也是其重要来源（图 3.21）。由于冰湖中的浮冰多呈不规则块状，露出水面的部分仍然较大，所以浮冰的运动除受湖中水流的影响外，风力的影响也较为显著。因此，在水流较弱的冰湖中，浮冰易于在迎风的岸边浮动或搁浅。当湖水排泄量较大时，浮冰则可能沿水流运动方向运移至坝体或出水口附近。冰湖中，由于浮冰的个体通常较大，一旦运动到出水口就很容易造成冰塞（图 3.22），其形成的机制较河/湖冰冰塞简单，但同样可能造成冰湖溃决的灾害。

图 3.21　喜马拉雅山龙巴萨巴冰湖中的冻结冰（灰色）与崩解冰（白色）

图 3.22　岗日嘎布山亚弄冰川湖浮冰冰塞

3.4.2　海冰的形成、融化与运移

1. 海冰的形成与融化

海冰由海水冻结形成，海冰表面降水再冻结和积雪也是海冰的组成部分。全球约有 2500 万 km^2 的海冰。海冰作为海水在低温条件下的产物，是淡水冰晶、盐分和气泡的混合物。从水文学角度，它属于淡水冰资源。

1）海冰的形成过程

海冰的生消过程通常分为初冰期、封冻期和终冰期三个阶段。初冰期是指从初冰日到封冻日，这段时间是海冰不断增长的过程；封冻期是指封冻日到解冻日，这段时间冰情严重，冰的密集度都大于 7 成，海冰冰情严重的这段时期也称为重冰期；终冰期是指解冻日到终冰日，这段时间海冰随气温回升和海温增高而不断融化。

海冰按其存在形态、冻结过程、表面特征、冰块尺寸、晶体结构等有不同的分类方法，其中按照冻结过程和存在形态的分类见表 3.1。

表 3.1　海冰存在形态及冻结过程

分类原则	海冰类型	解释/定义
存在形态	固定冰	不随洋流和大气风场移动，以陆冰形式为主，多与海岸岛屿或浅滩冻结在一起。其中，附着于岸边的是冰礁，附着于浅滩上的是岸冰，浅海水域里一直冻结到底的是锚冰
	流冰	受洋流和海表风场强迫影响，又可分为两类：一类是由海水冻结而成；另一类则是大陆上的冰河破裂后流入海中生成
冻结过程	初生冰	当海水温度降至海水冰点，或有雪降到低温的海面上时，海水最初冻结形成的冰，包括针状冰、油脂状冰、黏冰和海绵状冰等
	尼罗冰	海冰形成过程中，初生冰继续生长冻结成厚度 10cm 以内的有弹性的薄冰层。表面无光泽、颜色较暗，在波浪作用下易弯曲凸起，互相推挤叠置，可形成堆积脂状冰
	饼冰	因冰块之间的碰撞导致其边缘向上凸起饼冰，又称莲叶冰；是流动水体从初生冰到海冰成冰层阶段中的冰生长的一个阶段。形状呈圆形，直径为 0.3～3m，厚度可达 10cm 的冰块。它可以迅速出现并覆盖宽广的水域
	一年冰	由初生冰发展而成且厚度为 0.3～3m，时间不超过一个冬季的海冰
	多年冰	至少存在两个夏季未融化的海冰，冰体较厚，达 3～5m。与一年冰相比，其含盐度较低，但气泡较多。相比一年冰更加坚硬，不利于破冰船前进

海冰范围、海冰厚度和海冰密集度是海冰冰情的主要指标。其中，海冰密集度指单位面积海区海冰所占面积的比率，用"成"（1～10）表示，业务观测要求误差范围应保持在 1 成以内。当海冰密集度小于 1 成时，为开阔水域。

2）海冰的融化

海冰的融化有很强的季节性特征，对于一年冰，在当年融冰季节将全部融化。融冰季节没有融化的海冰，将成为二年冰，以致发展成多年冰。即使海冰在夏季没有全部融化，其厚度也会大幅减少。观测数据表明，有些多年冰冬季厚度为 4m，夏季厚度会减小到 1～2m。海冰的融化过程比陆地冰复杂很多。海冰不仅有表面融化，还有底面融化、侧向融化和内部融化。融水还将影响到海洋冻结区域海洋物理、化学特征及海洋水文状况等。

（1）海冰的表面融化。海冰的表面融化主要是表面吸收太阳辐射所产生的消融。当太阳辐射强度超出海冰热传导通量后，剩余的热量使海冰表面升温，进而引发海冰表面的融化。融冰产生的水可能流入海洋，或者进入融池。海冰表面融水层也有加速海冰融化的作用。

（2）海冰的底部融化。温暖的海水到达海冰底部时，大部分海洋热量受到阻滞而滞留在冰底，导致海冰从底面融化，其融冰速度甚至比表面要大。最近的研究表明，在北冰洋的大部分海域，底部融化已经远超表面的融化量。

（3）海冰的侧向融化。夏季，大范围的海冰破碎化分裂成大大小小的冰块。对于同样面积的海冰，冰块越多，其与海水接触的面积就越大。海水的温度高于海冰，海冰侧面与海水接触的部分就会发生融化，此消融过程称为侧向融化。海冰的侧向融化速度包括海水热量导致的海冰侧向直接融化；海水渗透导致的海冰剥蚀；海冰之间碰撞导致的侧向粉碎。这些过程的机制虽然不同，但在观测中几乎无法区分各自的贡献。在不同的季节、不同的海冰密集度、不同的区域，侧向融化速度都不一样。随着北极变暖和海冰减退，侧向融化对海冰密集度的贡献将越来越大。

（4）海冰的内部融化。夏季，海水进入海冰内部的盐泡和气泡，使海冰成为充水体。水比冰有更强吸收太阳辐射能的能力，致使温度升高，盐泡扩大，这就是海冰的内部融化。海冰内部的融化过程并不改变海冰的密集度和厚度，但改变了海冰的孔隙率，使海冰结构变得稀松，冰的力学强度降低更容易破碎，加速了海冰的融化。

（5）雪水融化。在凸凹不平的冰面，覆盖的积雪在春季融化后，会聚集在低洼处，形成融池，最为显著的内部融化出现在融池底部。融池水穿过盐泡注入冰下，形成融池冰下的淡水池，这个过程称为淡水的冲洗效应，同时导致海冰融化加快。

海冰最大海冰量或最小海冰量的多年变化，可看作是海冰质量平衡的变化。海冰量的多年变化是对气候变化的直接响应，同时，也是受到河流、风场、经向热输送等过程的影响。

2. 海冰的运移

类似于河/湖冰的形成过程，海冰最先从海岸、船舶吃水线等可附着的区域开始发育，与其冻结在一起的同时逐渐向外扩展，形成固定冰。当潮位变化时，冰体能随之发生升降运动，其向海洋的延伸宽度为数米至数百千米。固定冰外缘的冰体可能因潮汐等因素断裂后脱离固定冰，而在洋流、风力、潮汐等多种因素驱动下发生运动，形成流冰。在洋盆边缘的大陆架海域是海冰的主要形成区，同时该区域洋流运动及潮汐作用非常活跃，因此也是流冰的主要运动区。流冰在运动的过程中若遇到固定冰、陆地或其他缓慢运动的流冰时，容易叠加拥挤在一起，形成冰丘或冰脊。在海湾等陆地分布对洋流影响较大的海域，流冰常可聚集并缓慢移动。我国渤海湾海冰的平均漂移速度为 0.2～0.6m/s，个别流冰可达 1.0m/s 以上。北冰洋四周被大陆所包围，岸冰及流冰均非常发育，受大陆的阻挡，洋流较弱，流冰大面积聚集，常占到海洋面积的一半以上。

海冰除了在大洋中运动外，在强风、洋流或气温剧烈变化等作用下可涌上陆地，称为冰壅（ice shove）。当前期一定厚度的海冰已经形成时，海浪剧烈涌动可使海冰碎裂为块状并相互挤压、叠加，风力洋流等作用能够使这些冰体大量地涌上岸边，同时伴随着巨大的轰鸣声。当前期海冰较薄或不发育时，气温快速降低能够造成海水的大量冻结，但由于海浪的强扰动，难以形成较大面积的块状冰体，而多呈片状、颗粒状或小块状的冰屑。随着冰屑的聚集，风力、洋流或者冰体膨胀也能够导致这些松散的海冰向陆地移动。冰壅时，冰层厚度最大可达 12m，从而可能对沿岸建筑造成破坏。冰壅现象在北极海域时有发生，某些大型湖泊也可形成冰壅。

3. 海冰冰情特征

海冰冰情特征一般用海冰范围、海冰厚度和密集度描述。海冰冰情变化不仅影响局地海域的大气层结、稳定性及对流变化，也会影响大尺度海洋热盐环流。同时，海冰的存在改变了海-气间的热量和物质交换方式，不仅对局地的海洋生态环境和大气环流产生影响，还可能通过复杂的反馈过程，引起区域或全球性的气候变化。

1）北极海冰冰情特征

北极海冰主要是多年冰和一年冰，其海冰范围的季节、年际变化较大。北冰洋海冰的冻结期为 10 月到次年 3 月，消融期为次年 4～9 月。通常，海冰于 10 月开始冻结生成，此时的冻结速度较快，可延续到 12 月，平均厚度约 3m。次年的 1～3 月，海冰的生长速度相对减缓，并于 3 月达到最大厚度；4 月起开始消融，5～8 月为加速消融期，9 月消融速度相对较慢且厚度最小（图 3.23）。

从北极海冰范围的年代际变化来看，20 世纪 70 年代以前，北极海冰范围相对稳定，80 年代以后海冰范围总体呈减少趋势，且近年来的减少趋势加速，各海域减少速率不尽一致。其中，东西伯利亚海海冰面积减少趋势相对最明显，其次是楚科奇海和波弗特海，而加拿大海盆海冰减少速率相对最小。海冰厚度也处于不断减薄状态。从季节变化特征看，北半球海冰范围在 3～4 月达到最大，为 $15×10^6～16×10^6 km^2$；8～9 月最小，为 $6×10^6～8×10^6 km^2$。

2）南极海冰冰情特征

南极海冰大多是一年冰，南极海冰范围除年际变化显著外，还具有区域性差异。近 30 年来，整个南极地区的海冰范围呈增加趋势，速度为 $1.3×10^4 km^2/a$，但并非直线上升。其中，南半球海冰范围在 9 月最大，为 $18×10^6～19×10^6 km^2$；3 月最小，为 $2×10^6～3×10^6 km^2$（图 3.24）。

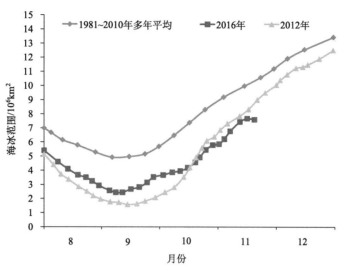

图 3.23　北极海冰范围变化图（由 http://nsidc.org 下载并修改）（丁永建等，2017）

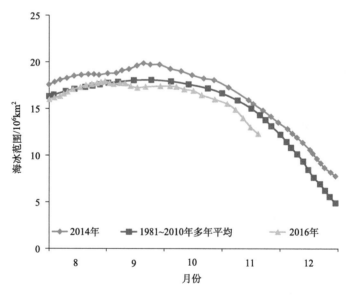

图 3.24　南极海冰范围变化图（由 http://nsidc.org 下载并修改）（丁永建等，2017）

　　从空间变化看,别林斯高晋-阿蒙森海海冰范围减小;罗斯海海冰范围增加速度最快,其次是威德尔海;印度洋与太平洋海域海冰范围均是小幅度缓慢增加。分布上看,全年海冰主要集中在威德尔海区靠近南极半岛一侧和罗斯海南部,威德尔海域南极半岛附近的海冰呈东多西少现象,而罗斯海则相反。此外,阿伯特冰架、库克冰架、沙克尔顿冰架、西冰架和芬布尔冰架上均有常年冰存在,但南极大陆周围的其余地带主要以季节性海冰为主。

　　从海冰密集度的空间分布上看,威德尔海域南极半岛附近的海冰密集度呈现东多西少现象,罗斯海则趋势相反;每年的 9 月至次年 2 月的融冰过程中,威德尔海东部 60°S 附近、罗斯海的罗斯冰架和南极大陆边缘海冰密集度首先降低。其中,威德尔海海冰是南极海冰的正反馈中心，在南极海冰变化中起主导和领先作用。南北两极海冰相互作用，南极太平洋海域的罗斯海海冰是南北两极海冰的负反馈中心，抑制海冰的正反馈变化，在太平洋罗斯海海冰起主导作用并影响北极太平洋侧区的海冰，在大西洋北极海冰起主导作用并影响南极威德尔海的海冰（卞林根和林雪椿，2005）。

参 考 文 献

卞林根, 林雪椿. 2005. 近30年南极海冰的变化特征. 极地研究, 17(4)：233-244.

党坤良, 吴定坤. 1991. 秦岭火地塘林区不同林分对降雪分配的影响作用. 西北林学院学报, 6(2): 1-8.

丁永建, 张世强, 陈仁升. 2017. 寒区水文导论. 北京: 科学出版社.

Han H D, Wang J, Wei J F, Liu S Y. 2010. Backwasting rate on debris-covered Koxkar Glacier, Mt. Tuomuer, China. Journal of Glaciology, 56(196)：287-296.

Holmlund P. 1988.Internal geometry and evolution of moulins, storglaciaren, Sweden. Journal of Glaciology, 34(117): 242-248.

Jansson P, Hock R, Schneider T. 2003. The concept of glacier storage: a review. Journal of Hydrology, 282(1-4): 116-129.

Kamb B. 1987. Glacier surge mechanism based on linked cavity configuration of the basal water conduit system. Journal of Geophysical Research: Solid Earth, 92(B9): 9083-9100.

MacDonald M K, Pomeroy J W, Pietroniro A. 2010. On the importance of sublimation to an alpine snow mass balance in the Canadian Rocky Mountains. Hydrology and Earth System Sciences, 14: 1401-1415.

Meehl G A, Arblaster J M, Collins W D. 2008. Effects of black carbon aerosols on the Indian monsoon. Journal of Climate, 21(12): 2869-2882.

Nakawo M, Young G J. 1982.Estimate of glacier ablation under a debris layer from surface-temperature and meteorological variables. Journal of Glaciology, 28(98): 29-34.

Sakai A, Nakawo M, Fujita K. 1998. Melt rate of ice cliffs on the Lirung Glacier, Nepal Himalayas, 1996. Bulletin Glaciology Resources, 16: 57-66.

Sugden D E, John B S. 1976.Glaciers and Landscape. London：Edward Arnold.

Van Den Broeke M, Bintanja R. 1995.The interaction of katabatic winds and the formation of blue-ice areas in east Antarctica. Journal of Glaciology, 41(138): 395-407.

Woo M K.2012.Permafrost Hydrology. Berlin: Springer Heidelberg Dordrecht London New York, 73-116.

Ye B S, Yang D Q, Zhang Z L, et al. 2009. Variation of hydrological regime with permafrost coverage over Lena Basin in Siberia. Journal of Geophysical Research: Atmospheres, 114(D7):1291-1298.

Zhang Y S, Ishikawa M, Ohata T, Oyunbaatar D. 2008. Sublimation from thin snow cover at the edge of the Eurasian cryosphere in Mongolia. Hydrological Processes, 22(18): 3564-3575.

思 考 题

1. 为什么在我国新疆等地春季容易形成融雪性洪水?

2. 冰川作用区融水汇流的主要途径有哪些?

3. 冰川的储水构造有哪些类型?

4. 土壤水势有哪些类型? 其形成原因分别是什么?

5. 凌汛的形成原因是什么？

延 伸 阅 读

丁永建，张世强，陈仁升. 2017. 寒区水文导论. 北京：科学出版社.

秦大河，姚檀栋，丁永建，等. 2017. 冰冻圈科学概论. 北京：科学出版社.

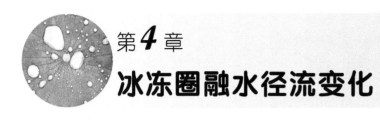

第4章
冰冻圈融水径流变化

冰冻圈地区的河流由不同比例的融水径流补给,其与气温变化密切相关,因而具有不同于降水径流过程的补给特点和年内年际变化特征。在气候变化背景下,不同融水补给河流的反应迥异。本章首先总结冰冻圈地区河流的不同补给类型,进而分析不同融水径流在日内、季节和年际尺度上对气候变化的响应特征,最后从全球尺度和典型流域尺度对不同冰冻圈河流径流的未来变化特征进行预估。

4.1 冰冻圈地区的河流补给类型

冰冻圈地区,如北美高山区、北极和青藏高原大江大河水系等河流的源区均广泛分布有山地冰川、积雪、多年冻土和季节冻土等冰冻圈要素,河流具有多水源补给的特点。根据河流的流量过程线及水文特点,可将冰冻圈地区河流按照补给类型(图4.1)划分为如下五种。

(1)融雪补给为主型河流:是指以春季融雪为主要补给类型的河流。其特点表现为河流的高水位期主要由积雪融水补给,洪水期出现比较早,洪峰出现在5~6月,如新疆塔城地区的河流,4~6月以融雪补给为主的径流量占全年的60%~70%,洪峰出现在5月,而北部的阿勒泰地区,河流洪峰则出现在6月。

(2)雪冰融水补给为主型河流:是指以冰川区的雪冰融水补给为主的河流。其特点是流域的冰川覆盖率高,夏季冰川强烈消融,大量的冰雪融水补给河流,河流的雪冰融水可占河川径流的30%~80%,径流年际变化小。从流量过程线看,洪水期出现在盛夏。洪水缓慢上涨,退水与涨水几乎对称,在夏末秋初时常会出现突发性的洪峰高、历时非常短暂的洪水。这类河流主要分布于中国天山南坡、祁连山西段、帕米尔、喀喇昆仑山、昆仑山等地区。

(3)雨水与雪冰融水混合补给为主型河流:是指以雪冰融水和降雨共同补给为主的河流。雨水和雪冰融水共同形成了河流洪水,6~8月的河流径流一般占全年的40%~60%,其中冰雪融水占全年径流的比例为20%~30%,春汛流量较小,径流的年际变化较小。河流的流量过程线因流域面积的差异有所不同。较小的河流洪水过程陡涨、陡落明显,流域面积较大的则不太明显。这类河流在中国主要分布于天山北坡西段的伊犁河谷,祁连山中、东段等。

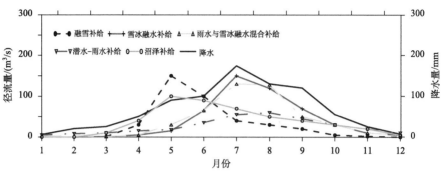

图 4.1　冰冻圈地区不同补给类型河流径流过程线图

（4）潜水-雨水补给为主型河流：是指以地下水潜水和降水共同补给为主的河流。该类河流的特点在于水源主要来自不连续冻土区的地下水，河流水量比较稳定，冬季不断流，暴雨过程中则形成尖瘦型洪峰过程，如在加拿大西部地区的 Great Bear Lake 附近的不连续多年冻土区，潜水径流深度等于年降水量的 15%。

（5）沼泽补给为主型河流：是指以沼泽为主要补给来源的河流。该类河流的特点是在土壤尚未解冻的春季，地表径流迅速填洼后会产生洪水，但洪水强度没有融雪洪水大，在夏季因大量水在低凹地和有机土壤中被截留，形成的地表径流很少。这类河流分布在加拿大冻原地区。

4.2　冰冻圈融水径流的变化

冰冻圈融水径流在日内、季节分配和年代际尺度上均与气候变化紧密相关，表现出了不同的变化特征。

4.2.1　冰冻圈径流的日内过程

无论是大陆型冰川还是海洋型冰川，其融水径流均与日内气温的波动具有密切的关系，在日内表现出"峰－谷"的变化周期，峰值往往出现在白天。例如，乌鲁木齐河源1 号冰川水文断面消融期最低水位出现在上午 10：00 左右，最高水位出现在 17：00～18：00，其峰、谷滞后于气温的变化（图 4.2）。不同冰川流域径流滞后时间的长短取决于冰川类型、大小、冰川排水性质等。径流的日内特征在消融期的不同月份也有所不同。随着气候变暖，冰川融水径流在消融期的不同月份的日内过程也会随之变化。

与冰川融水的日内过程相似，积雪消融的日内过程也随气温变化而变化，一般在午后出现融水峰值。积雪消融的日内过程具有如下特征：①晴天积雪的消融主要发生在白天且集中于下午，而在阴天或积雪消融后期，消融过程可能在全天都会发生，如瑞士阿尔卑斯山 Weissfluhjoch 径流场 1985 年 5 月 18 日～19 日观测和计算的逐小时的积雪消融、再冻结和出流径流过程线[①]表现出明显的日内过程（图 4.3），积雪消融的峰值出现在中

① Martinec J. 1989. Hour-to-hour snowmelt rates and lysimeter outflow during an entire ablation period. Snow Cover and Glacier Variations. Wallingford, Oxon., International Association of Hydrological Sciences: 19-28.

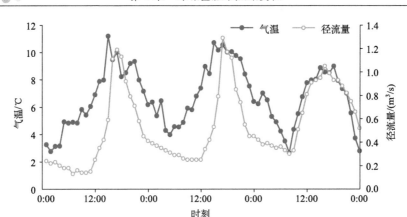

图 4.2　乌鲁木齐 1 号冰川水文点无降水时段气温-径流日内变化

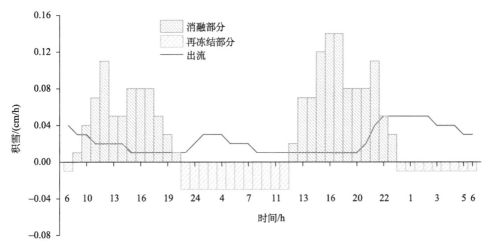

图 4.3　瑞士阿尔卑斯山 Weissfluhjoch 径流场 1985 年 5 月 18 日～19 日观测和计算的逐小时的积雪消融、再冻结和融雪径流过程线

午 15: 00～17: 00，由于汇流时间的延迟，观测到的最大融雪径流则出现在午夜 2: 00 附近。随着融雪过程的发展，融雪径流的日变化振幅逐渐减小。②在日平均气温低于 0°C 时，积雪的消融速率较低；而当日平均气温持续高于 0°C 时，积雪的消融速率显著加快。③积雪消融速率呈现逐渐增加的趋势。在消融初期，由于积雪较大的冷储，外界热量首先需要加热积雪，消融过程一般发生在积雪的表层；随着积雪温度的升高，整层积雪逐渐达到融化的临界状态，外界较小的能量输入也引起积雪的快速消融，从而表现出积雪快速融化。④降水的量、持续时间对积雪融化过程影响显著。随着气候变暖，积雪消融的日内过程也随着气温的变化而发生变化。

4.2.2　冰冻圈径流的季节分配

冰冻圈径流过程的年内分配与气温的季节分配特征相近，消融和径流主要发生在气温高于 0℃的季节。对于融雪径流来讲，主要发生在春季，随着气温的升高，低海拔地区的积雪被完全消融，高海拔地区的积雪逐渐减少，融雪径流减少直至消融期结束；对于冰川来讲，冰川表面的积雪首先被消融，随着温度的升高，冰面开始融化，消融在夏季最为强烈，随着气温逐渐减低而趋弱，在秋末逐渐结束。冰冻圈径流季节分配的长期变化主要体现在消融期提前，前期消融量增加，消融结束时间推后，对于多年冻土区则主要表现为冬季退水过程变缓。下面分别加以阐述。

新疆卡依尔特斯河流域库威水文站观测的2015年4～9月气温和径流的逐日变化（图4.4）体现了融雪径流的季节变化特征。从 4 月 16 日开始至 6 月底，径流与气温存在显著的正相关关系；从 7 月初开始，径流与气温的关系可以忽略不计。同时，在 6 月 15 日之前，径流变化总是滞后于气温，且滞后时间不断增加，说明随着积雪消融向更高海拔地区发展，积雪融水补给的中心区逐渐向距离流域出口更远处的高海拔地区发展。从 6 月中旬开始至 6 月底，尽管径流与气温呈现显著的正相关关系，但是气温的变化滞后于流量的变化，表明此时融雪对径流的影响已经开始减弱直至消失。

图 4.4　卡依尔特斯河流域 2015 年 4～9 月气温和径流逐日变化

不同地区的融雪期存在很大差异，如祁连山冰沟流域的积雪消融开始于 3 月底，5 月底流域内的积雪已基本消融殆尽，积雪融水对径流的贡献主要发生在 4～5 月。阿尔泰山河源区的融雪径流过程开始于 4 月中旬，一直持续到 6 月中下旬，但是日最大径流在不同年份存在较大区别，其主要由积雪量不同造成。欧洲阿尔卑斯山等地的融雪径流一般从 5 月开始，融雪期的长短与冬季积雪积累量和春季的升温速率密切相关。北美的融雪径流持续时间则一般较短，短的在 2 周左右。

随着气候变暖，北半球的春季和夏季积雪面积明显减少，积雪期缩短，融雪期明显提前，前期的融雪径流量明显增加，融雪结束时间推迟，融雪后期径流减少，融雪径流总量也有所减少，从而改变了流域径流的年内分配。对于以积雪融水为主要补给的河流，径流年内分配变化明显，但不同区域也存在明显空间差异性，如 1948～2002 年北美融雪开始时间提前了 15～20 天，众多河流的融雪径流集中期提前了 10～30 天（图 4.5）。我国以积雪融水为主的克兰河积雪增加，融雪径流集中期显著提前，最大径流月由 6 月提前到 5 月，最大月径流增加了 15%，4～6 月融雪季节的径流由占总径流的 60%增加到近

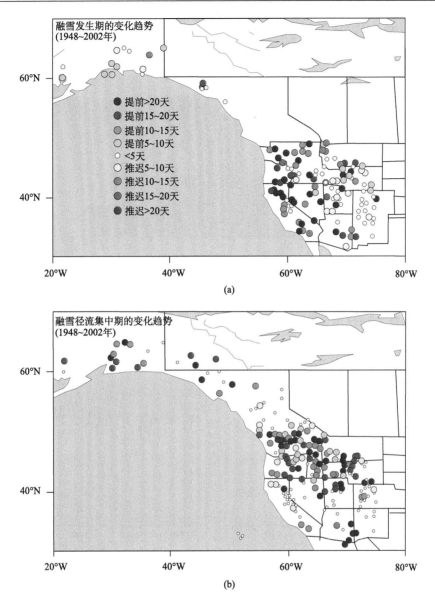

图 4.5　1948～2002 年北美主要河流（a）融雪发生期及（b）融雪径流的集中期的变化趋势

70%，引发融雪洪水的时间提前，洪峰流量增加，观测到的最大洪峰流量由 20 世纪 70～80 年代的 200m³/s 增大到 90 年代以来的 350m³/s，破坏性增大。

冰川融水具有显著的年内分配特征。亚洲的冰川融水径流一般开始于 5 月，结束于 10 月，但不同类型的冰川融水径流季节分配特征有所差异。大陆型冰川径流年内变化很大，分配极不均匀，消融期短（5～9 月），融水高度集中在 7～9 月，基流小，冬季甚至断流。例如，祁连山老虎沟冰川 1959～1961 年 6～8 月径流量占年径流量的 85.8%（杨针娘，1991）。 海洋型冰川径流年内变化小，分配也较均匀，消融期长（4～10 月），5～9 月为强消融期，基流大，一般不断流。例如，贡嘎山海螺沟冰川强烈消融期，冰川融水占年径流量的 80%左右，最大值出现在 7 月或 8 月（图 4.6）（曹真堂，1995）。随着气候变暖，不同类型的冰川融水径流的开始期均提前，融水径流峰值增大，融水径流的结束时间推迟。

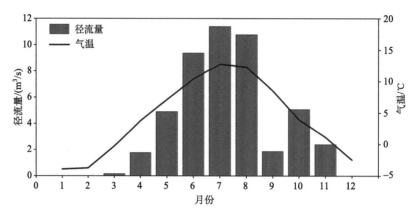

图 4.6　海螺沟站 1990 年冰川融水径流与冰川末端气温关系

相对于对径流量的影响，冻土退化对流域径流的年内分配过程影响则更为显著。图 4.7 是石羊河、黑河和疏勒河山区流域控制水文站杂木寺、莺落峡和昌马堡，以及黄河源

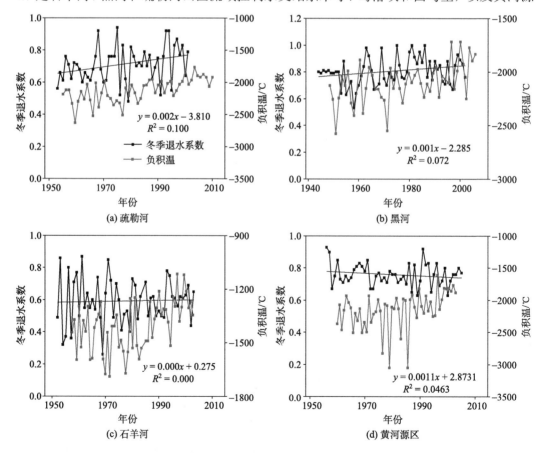

图 4.7　疏勒河、黑河、石羊河和黄河源区 1950～2010 年冬季退水系数与负积温变化

区唐乃亥水文站 1 月径流与前一年度 12 月径流的比值与负积温变化的关系图（牛丽等，2011），表明 1950 ～2010 年，多年冻土覆盖率较大的河流如疏勒河和黑河（分别为 73%和 58%），冬季退水系数增大，退水过程有明显的减缓，这一减缓过程与流域负积温的不断减小较为一致。在多年冻土覆盖率较小的流域，如石羊河和黄河上游（多年冻土覆盖率分别为 33%和 43%）近 50 年冬季退水系数没有明显变化，表明这两个流域的冻土退化对径流的年内分配影响较小。

　　此外，在气候变暖的背景下，高海拔地区或中高纬度地区的江河和湖泊每年冬季出现冰情的时间和解冻的时间也发生变化，河流的结冰期推迟，封冻期缩短，解冻期提前。

4.2.3　冰冻圈融水径流年际变化

　　在气候变暖的背景下，冰冻圈径流对气候变化响应显著。下面分别对冰川融水径流、融雪径流和多年冻土区融水径流对气候变化的响应加以阐述。

　　1）冰川融水径流

　　对于单条冰川来说，随着消融季气温不断上升，冰川融水径流系数显著增加，冰川的面积变化不大，冰川径流增加。在气候持续变暖和降水变化不大的情况下，随着冰川面积的退缩，冰川径流增加一定时期后将达到峰值，随后开始减少。一方面，冰川动力学模拟结果表明，冰川融水径流峰值大小和出现时间取决于升温速率和冰川规模，升温速率越大，径流峰值越大，出现时间越早，冰川越小，融水径流对气候变化越敏感（峰值大，出现时间早）。另一方面，随着气候变暖，冰川消融增强，冰川区中裸冰区的面积相对扩大，导致反射率降低，对冰川的消融也起到促进作用。气温的升高也导致冰川平衡线高度随之上升，冰川粒雪区和积雪区面积减小、厚度减薄，进一步加剧冰川的萎缩。不同区域平衡线高度的相同变化所引起冰川积累区面积变化的程度可能不同，其对于不同规模的冰川有较大的差别，规模较小的冰川积累区面积的相对变化远大于规模较大的冰川，导致了不同气候区、不同规模冰川的融水径流对气候变化响应过程的差异性。

　　在同一流域内，通常有不同规模的冰川存在，流域冰川径流变化的趋势不仅与流域内的冰川规模、冰川覆盖率有关，也与冰川的物质平衡水平、冰川类型的差异有关。随着流域内气温升高，冰川消融速率增大，冰川面积不断萎缩，冰川融水径流总量趋于减少，从而导致流域冰川融水径流在某一时刻开始减少，对河川径流的调节能力逐渐降低，直至失去对河川径流的调节能力。

　　如我国观测序列最长的乌鲁木齐河源 1 号冰川（43°05′N，86°49′E）流域的径流变化反映了流域冰川融水径流对气候变化的响应过程。流域控制面积为 3.34km^2，冰川覆盖率在 1980 年为 55.6%，到 2006 年已下降为 50.0%，实测径流资料（图 4.8）表明，冰川径流平均年径流深度从 1980～1995 年的 583.1mm，增加到 1996～2006 年的 839.7mm，增加了 256.6mm，占观测期年平均径流深度的 37.3%，而同期的降水量增加了 84.8mm（18.1%），降水变化对径流深度增加的贡献约 12.3%，其余 171.6mm（约 25%）为冰川物质负平衡损失的贡献，同期的冰川物质平衡为–349.2mm，考虑到 53%的冰川覆盖率，其对径流深度的贡献相当于 185mm（26.9%）。从径流变化和流域水量平衡看，两者结果

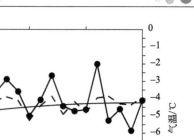

图 4.8　乌鲁木齐河源 1 号冰川融水年径流深度逐年变化，虚线为 2 次多项式回归
（数据来自乌鲁木齐 1 号冰川年报）

较为一致，表明强烈的升温过程导致了冰川的强烈消融，其次降水的增加也起到了叠加的效应。

　　从中国冰川融水径流看，过去 50 年中国西部气温总体呈上升趋势，尤其 1980 年以后上升较快。伴随着气温的持续上升，冰川加速退缩，冰川融水量显著增加。根据月尺度的度日因子模型模拟的中国西部各水系冰川融水量变化（表 4.1）表明：内流水系中，2000～2006 年与 20 世纪 60 年代相比，塔里木河水系冰川融水绝对变化量最大，融水量增加了 $59.34×10^8m^3$；青藏高原内流水系相对变化量最大，冰川融水量相对增加 162.1%；外流水系恒河水系冰川面积最大，其冰川融水量变化也最大，平均增加量约 $2.87×10^8m^3/a$。中国西部年平均冰川融水量为 $629.56×10^8m^3$，从 60 年代的 $517.65×10^8m^3$ 到 70～80 年代的 $601.57×10^8m^3$，增加到 90 年代的 $695.48×10^8m^3$，2000 年后更是近 50 年冰川融水量最大的时期，平均融水量达 $794.67×10^8m^3$，高出多年平均值 26.2%，而与 60 年代相比，2000～2006 年的融水量增加了 54%。

表 4.1　中国西部冰川融水量变化　　　　　　　（单位：10^8m^3）

流域水系	1961～1970 年	1971～1980 年	1981～1990 年	1991～2000 年	2001～2006 年
印度河	5.36	7.39	7.96	10.76	12.58
恒河	260.16	298.02	312.22	341.06	379.41
怒江	23.45	24.60	25.43	29.54	35.70
澜沧江	3.83	3.96	4.07	4.52	5.30
黄河	1.75	1.82	1.77	1.91	2.19
长江	17.04	18.75	18.68	22.54	28.47
额尔齐斯河	3.23	3.33	3.32	3.50	3.63

续表

流域水系	1961~1970 年	1971~1980 年	1981~1990 年	1991~2000 年	2001~2006 年
外流水系合计	314.83	357.87	373.45	413.83	467.27
塔里木盆地	121.05	136.73	139.26	157.85	180.39
哈拉湖	0.11	0.12	0.13	0.15	0.16
甘肃河西内陆河	8.12	9.06	9.12	11.67	14.76
柴达木盆地	7.36	8.23	8.62	11.45	14.52
天山准噶尔盆地	17.92	18.81	18.65	20.76	22.73
吐-哈盆地	2.39	2.36	2.40	2.59	3.12
新疆伊犁河	21.16	22.55	22.86	24.79	26.91
青藏高原内流区	24.73	35.13	40.68	52.38	64.81
内流水系合计	202.82	233.00	241.71	281.64	327.40
总计	517.65	590.87	615.16	695.48	794.67

注：冰川融水量变化根据月尺度的度日因子模型计算。

从中国冰川融水年径流深度变化的空间分布看，2001~2006 年的均值与 20 世纪 60 年代相比，大部分流域的融水径流深度呈增加趋势，增加幅度最大的地区出现在藏东南地区，增加的幅度高达 2000mm。另一个增幅较大的地区出现在喜马拉雅山西段，增加的幅度达到 1300 mm，新疆地区增幅在 100~500mm，河西地区的增加幅度在 200~400mm。从增加的相对幅度来看，最大值主要出现在西藏南部、东南和中部，最大相对变化达到了 160%，新疆地区增加的相对幅度均在 20%~30%，河西地区的增幅则在 30%~60%。

2）融雪径流

融雪径流的变化与积雪的变化密切相关。降雪量的变化趋势在全球尺度上存在很大的差异性。由于气温升高，北半球的春季和夏季积雪面积明显减少，融雪径流总量有所减少，但融雪径流的变化存在明显空间差异性。总体而言，近 50 年来，北半球冰冻圈中的较高海拔和较高纬度流域的融雪径流呈现增加趋势，其他地区则主要为减少趋势。

在中国冰冻圈中，西部高海拔地区 1960~2012/2014 年融雪径流总体呈增加趋势，天山南坡、祁连山西段、长江源，以及长白山区融雪径流增加明显，而在祁连山中段和东段、东北大部分地区的融雪径流显著减少。

3）多年冻土区融水径流

对于多年冻土而言，在全球变暖的背景下，多年冻土退化引起的活动层增厚会改变土壤蓄水能力并影响流域径流系数和退水过程，季节冻土最大冻结深度的变化对径流也有影响。但多年冻土对径流的长期影响很难直接观测，其影响只能从多年冻土分布较广区域的河流径流的变化来估计，如过去几十年环北极多年冻土温度上升明显，多年冻土退化，活动层增厚，融区变大，环北极地区各大流域年径流有显著增加的趋势，但不同流域的变化也有显著差异，如西伯利亚中部的勒拿河和叶尼塞河流域均出现了冬季径流明显增加的现象，但这一现象在加拿大麦肯齐河和育空河却并不显著。总的来说，在欧亚大陆西部的环北极地区，不论流域大小，冬季基流显著增加，大陆东部的径流则没有明显变化；北美大陆东部区域的环北极地区冬季径流减少，而大陆西部区域的冬季径流增加（图 4.9）（Rennermalm et al.,2010）。

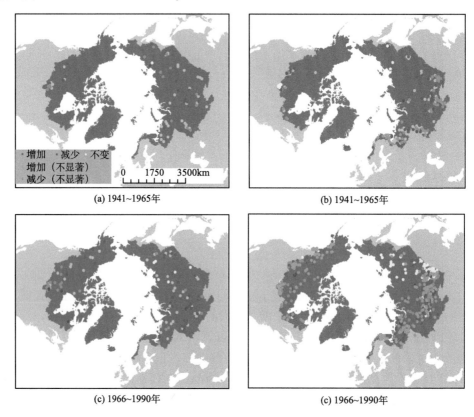

图 4.9　环北极地区大流域（>50000km²）和小流域（10～50000km²）不同时期

4.3　冰冻圈融水径流预估

在对典型流域过去几十年冰冻圈融水径流变化过程成功模拟的基础上，部分研究已对不同冰冻圈融水补给类型的河流的融水径流和河流径流的未来变化进行了预估，对全球尺度的冰冻圈融水径流变化也有部分的预估结果。目前对冰冻圈融水径流的预估结果主要集中在冰川径流和融雪径流，且根据不同模式模拟的变化趋势有一定差异。因此，下面分别对预估的冰川融水径流和融雪径流未来变化进行了简单介绍，最后对预估的不确定性进行了分析。

4.3.1　冰川融水径流预估

随着气候进一步变暖，未来全球的冰川面积和体积将继续减少。在三个温室气体排放情景（RCP2.6、RCP4.5 和 RCP8.5）下，到 21 世纪末全球冰川体积将分别减少 25%±6%，33%±8% 和 48%±9%（图 4.10）（IPCC, 2013）。在 RCP4.5 情景下，21 世纪末加

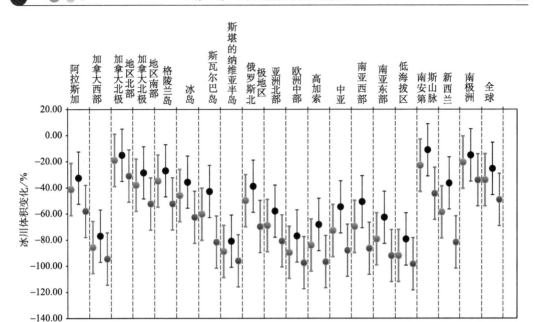

图 4.10　全球及区域的 2010～2100 年冰川体积（静态水资源量）变化的多模式预估结果[RCP2.6（黑色线）、RCP4.5（蓝色线）和 RCP8.5（红色线），多模式平均值采用实心圆表示]（修改自 IPCC AR5）

拿大北冰洋北部、南极和亚南极区域的冰川体积将减少 20%，而中欧和低纬度地区的冰川体积将减少 90%。这间接表明，从全球尺度看，冰川融水径流量很可能在 21 世纪末大量减少，其对流域径流的调节能力大大降低，从而对内陆干旱区水资源管理带来更大挑战。

　　另一方面，不同气候区、不同流域的冰川融水径流变化趋势迥异，其与流域内不同规模冰川的组成，以及未来气候变化情景密切相关。以大冰川为主的流域，其冰川面积减小的速度慢，冰川融水径流在 21 世纪中期之前可能还处于增加阶段；在以小冰川为主的流域，对气候变暖更为敏感，冰川面积减少快，冰川融水径流可能已经到达拐点，如对位于北温带的我国叶尔羌河流域（单条冰川平均面积 1.94km^2）在 A1B、A2 和 B1 情景下的冰川融水径流预估表明，冰川融水径流深度在 2050 年前持续增加，增加速率在 3.6～16.5mm/a，由于冰川面积减缓较慢，冰川区融水径流呈持续增加趋势，包含了冰川退缩区降水径流的冰川年径流在 2050 年前均会增加，预估 2011～2050 年的平均冰川融水年径流相对于 1961～2006 年将增加 13%～35%，而对同处于北温带的北大河流域（冰川平均面积 0.45km^2）在 A1B、A2 和 B1 情景下的冰川融水预估表明，冰川融水径流深度没有明显的变化趋势，由于冰川面积减小较快，冰川区径流持续减少，减少速率在 0.013×10^8～0.016×10^8 m^3/a，冰川年径流（包含冰川退缩区的降水径流）均出现先增加后减少变化的拐点，拐点发生的时间在 2011～2030 年。

4.3.2　融雪径流预估

　　从全球尺度看，CMIP5 多模式预估结果表明，相比参考期（1986～2005 年），RCP2.6、RCP4.5 和 RCP8.5 情景下春季（3～4 月）积雪覆盖率在 2016～2035 年分别减少 5.2%±

1.5%、4.5% ±1.2%和 6.0% ±2.0%，到 21 世纪末分别减少 7%±4%、13%±4%和 24%±7%
（图 4.11）（IPCC,2013）。积雪雪水当量变化的预估更为复杂，预估的北半球高纬度地区
冬季降水将会增加，气温的升高会减少冬季降水中的降雪比例并增加消融，地表雪水当
量变化取决于这些要素之间的平衡。CMIP5 多模式和 VIC 陆面水文模式的耦合预估表
明：北半球最冷区域年最大雪水当量未来将会增加或微弱减少，而靠近积雪南部边缘区的
年最大雪水当量将会明显减少（Adam et al., 2009）。到 21 世纪末，预估的年最大积雪雪水
当量的变化可能具有纬度特性（最冷的高纬度区可能增加或微弱减小，在低纬度的积雪区可
能会明显减小）（图 4.12）。由于气温的升高，预估的融雪开始时间提前，积累期推迟，以至
于春季融雪初期径流量增加，融雪径流总量到 21 世纪中后期极有可能出现减少趋势。

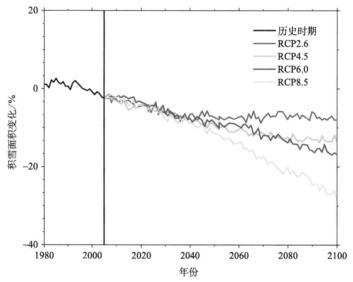

图 4.11　CMIP5 北半球春季积雪面积相对于参考期（1986～2005 年）的变化情况预估。实线表示多模
式的平均结果，观测的参考期积雪面积为 32.6×10^6 km^2（修改自 IPCC AR5）

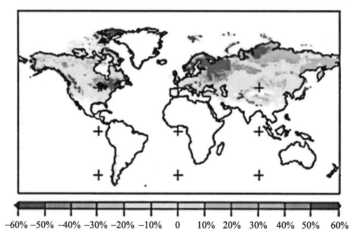

图 4.12　A2 排放情景下，2040～2050 年（2025～2054 年）全球早春（北半球：3～4 月；南半球：9～
10 月）平均雪水当量相对于参考期（1961～1990 年）的变化（Adam et al., 2009）

从流域尺度看，预估的融雪径流变化对河川径流的影响也有很大差异，如预估的莱茵河流域 21 世纪中期气温将增加 1.0～2.4℃，该河流将会从由降雨径流和融雪径流共同补给为主变成主要由降雨补给为主的河流。莱茵河的冬季径流将增加，夏季径流将减少，峰值流量增加，峰值流量出现的频率增多，夏季径流的低径流将会频繁出现并且持续的时间也会增加（图 4.13）。径流的未来变化将对当地的社会经济产生重要影响，而根

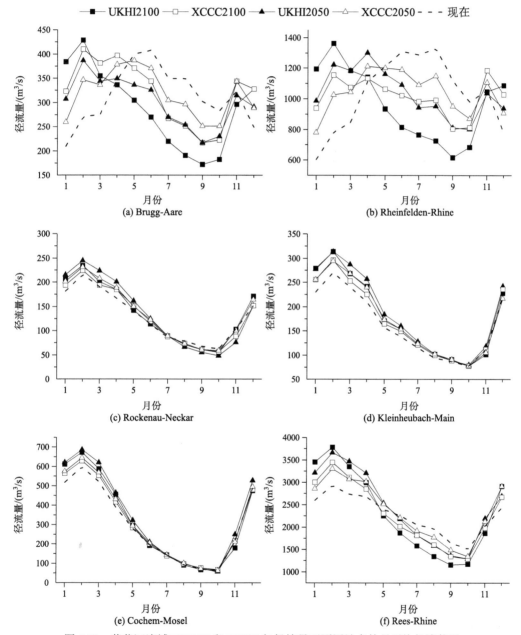

图 4.13　莱茵河流域 UHKHI 和 XCCC 气候情景下不同站点的月平均径流状况

高山区站点：Brugg-Aare 和 Rheinfelden-Rhine；主干流：Rockenau-Neckar、Kleinheubach-Main 和 Cochem-Mosel；整个流域：Rees-Rhine

据 RegCM3 气候模式在 A2 气候情景下对水量主要来源于积雪融水的土耳其东部山区的预估结果表明，到 21 世纪末气温大约增加 6℃。气温的升高会导致冬季积雪量下降，融雪期会进一步提前。该区域四个流域径流峰值出现时间平均将提前 4 周，冬季流量明显增加，由于积雪的提前消融，4~5 月的径流明显下降（图 4.14）。径流变化会对当地水库安全、水资源管理产生重大影响。

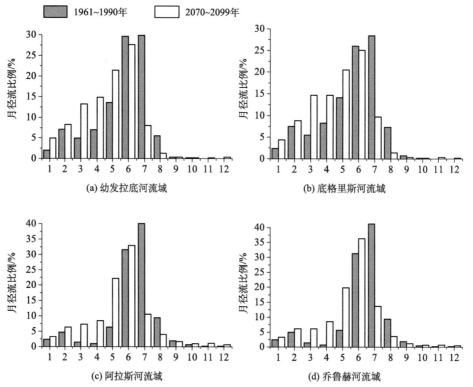

图 4.14　A2 情景下预估的未来（2070~2099 年）的月径流比例（每月径流量超过年径流量）分配和过去（1961~1990 年）的对比

4.3.3　中国冰冻圈流域径流未来变化

总体来看，冰川覆盖率较高的流域如祁连山疏勒河、长江源，以及天山地区的河流源区，预估的未来冰川径流随气温升高总体呈现先增后减的趋势（图 4.15）。冰川融水"先增后减"拐点的出现时间，主要与流域冰川的规模及数量有关：①冰川覆盖率低、以小冰川为主的流域，其冰川融水"先增后减"的拐点已经出现，如受东亚季风影响较大的河西走廊石羊河流域、西风带天山北坡的玛纳斯河和呼图壁河流域，以及青藏高原的怒江源、黄河源和澜沧江源；②部分流域在未来 10~20 年会出现冰川融水拐点，如天山南坡的库车河和木扎特河、祁连山黑河和疏勒河，以及青藏高原的长江源等；③具有大型冰川的流域，冰川融水拐点出现较晚或在 21 世纪末不出现，如天山南坡的阿克苏河流域，融水拐点可能出现在 2050 年以后。

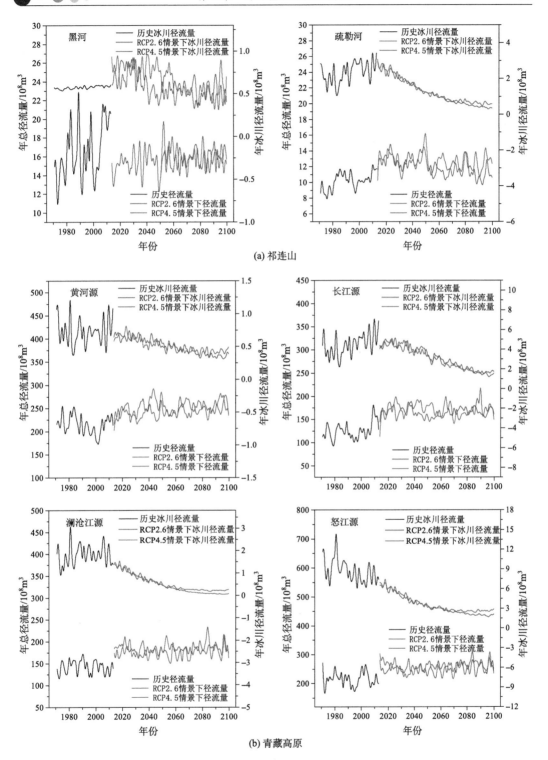

(a) 祁连山

(b) 青藏高原

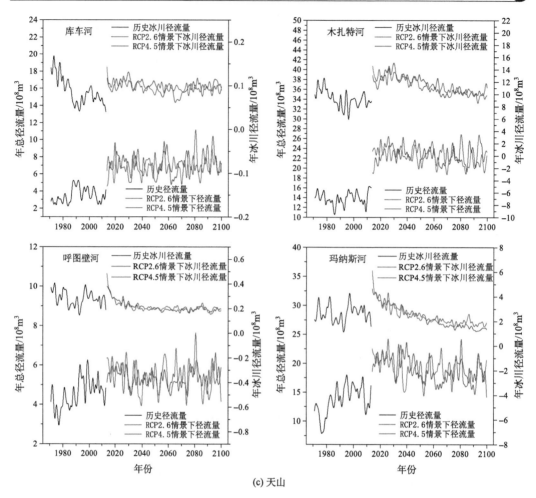

(c) 天山

图 4.15　中国西部冰冻圈主要流域冰川及流域径流的未来变化

　　预估的中国积雪日数和年均雪水当量在21世纪中期(2040~2059年)和末期(2080~2099年)的变化表明,在RCP4.5情景下,积雪日数在中期和末期将分别缩短10~20天和20~40天,青藏高原大部分区域的雪水当量将减少0.1~10mm,东北北部的雪水当量呈增加趋势,青藏高原东部和南部、新疆北部和东北中部呈下降趋势。在RCP8.5情景下,积雪日数在中期将缩短5~20天,末期的减少幅度更大。青藏高原在2006~2099年积雪日数和雪水当量相对全国变化更为显著,总体呈下降趋势(Ji and Kang, 2013)。积雪日数的减少和雪水当量的减少将导致融雪径流的减少和融雪径流开始和结束时间的变化。

　　从冰冻圈地区河流径流的变化看,在RCP4.5情景下,到21世纪末,中国西部冰冻圈主要河川径流的变化呈现一定的区域性特征:①祁连山石羊河流域以东等东亚季风区,河源区未来径流减少,其主要原因是降水减少和蒸散发增加;②地处西风、东亚季风和高原季风交叉影响区的黑河干流山区,降水增加的影响基本和蒸散发增加、冰川融水径流减少的影响相当,径流基本稳定;③天山南北坡、昆仑山北坡、疏勒河等冰川覆盖率较高的西风带地区，受降水增加影响，未来径流增加 10%～20%；④青藏高原腹地流域等高原季风影响区，降水基本稳定、冰川覆盖率低，未来径流的变化幅度±10%以内，以微量增加为主。径流增加的主要原因是降水的增加（图 4.15）。

4.3.4　预估的不确定性

冰冻圈径流未来变化预估的不确定性主要来源于三个方面：气候情景数据的不确定性、降尺度方法的不确定性以及水文模型及参数的不确定性。

1）气候情景数据的不确定性

现阶段采用的气候变化情景数据主要是 IPCC AR5 的 GCMs 的模式输出，由于当前对气候系统中各种强迫和物理过程科学认识的局限，气候模式本身仍不完善，模拟的气候状况与真实情况还有很大的差距，特别是对水文模拟有重要影响的降水的误差较大。此外。温室气体排放预测是气候模式的重要输入条件， IPCC AR5 采用了四种温室气体浓度情景，按由低至高不同代表路径浓度（RCP）排列分别为 RCP2.6、RCP4.5、RCP6.0 和 RCP8.5，其中后面的数字表示到 2100 年辐射强迫水平为 $2.6\sim8.5\text{W/m}^2$，但对未来社会环境、土地利用、政策等难以准确预测和描述，其不确定性也必然会对气候模式输出的数据产生一定的影响。即使在同一排放情景下，不同 GCMs 模拟的气温和降水结果也存在很大差异。诸多研究都表明气候情景数据的不确定性仍然是径流预估不确定性的最主要来源。

2）降尺度方法的不确定性

全球气候模式预估的气候因子一般都是基于全球尺度的，如果要将这些大尺度的输出数据输入流域水文模型中来评价气候变化对水文过程的影响，必然会产生数据之间空间分辨率不一致的问题。因此，GCMs 数据很难直接用于小尺度的水文模型，必须采用动力或统计降尺度方法来解决尺度不匹配的问题。采用不同的区域气候模式和不同陆面参数化方案进行动力降尺度，会导致区域气候降尺度结果的差异，进而增加预估的径流变化的不确定性。目前的统计降尺度可以给出一个似乎可信的模拟结果，应用较广，但应用中也存在较大的不确定性，其主要来源于两个方面：①预报因子选择的不确定性，常用于温度和降水降尺度的预报因子包括海平面气压、气压梯度、旋度、气流指数等表征环流特征的因子，相对湿度、露点温度、比湿等表征湿度和温度的因子，以及各种预报因子的联合；选择预报因子的主要方法是基于相关分析的选择法和主成分分析法，选择方法和策略的不同、预报因子格点区域不同，以及季节的不同都会对预报结果产生很大的影响；②统计降尺度方法的不确定性，不同统计降尺度方法所使用的数学模型不同，因此对于预报量的均值、极值、季节分配、年际波动和时空关联信息的模拟能力有所差异。另外，不同模型在不同地区的适用性也有所不同，这些因素都会导致一定的不确定性。

3）水文模型及参数的不确定性

水文模型的不确定性主要来自于模型本身、模型的输入数据、模型参数等方面。水文模型结构本身所带来的误差，将不可避免地影响到预估结果的不确定性。水文模型的参数通常是采用历史观测的气象数据等作为输入，然后采用模拟的径流或其他数据对模型参数进行率定和校正。不合理的模型参数，会增加模拟和预估的不确定性。模型参数的不确定性主要来自四个方面：①用于模型参数率定的资料的精度；②模型参数识别和优化方法；③参数的空间化；④模型物理参数的不确定性。

参 考 文 献

曹真堂. 1995. 贡嘎山地区的冰川水文特征. 冰川冻土, 17: 73-83.

牛丽, 叶柏生, 李静, 等. 2011. 中国西北地区典型流域冻土退化对水文过程的影响. 中国科学: 地球科学, 41(1): 85-92.

杨针娘. 1991. 中国冰川水资源. 兰州: 甘肃科学技术出版社.

Adam J C, Hamlet A F, Lettenmaier D P. 2009. Implications of global climate change for snowmelt hydrology in the twenty‐first century. Hydrological Processes, 23(7): 962-972.

IPCC. 2013. Climate Change 2013: The Physical Science Basis. Cambridge: Cambridge University Press.

Ji Z, Kang S. 2013. Projection of snow cover changes over China under RCP scenarios. Climate Dynamics, 41(3-4): 589-600. doi: 10.1007/s00382-012-1473-2.

Rennermalm A K, Wood E F, Troy T J. 2010. Observed changes in pan-arctic cold-season minimum monthly river discharge. Climate Dynamics, 35(6): 923-939.

思 考 题

1. 根据补给特点，冰冻圈河流可以划分为哪些类型？
2. 过去几十年冰冻圈融水径流对气候变化的响应有哪些特征？
3. 预估的未来冰冻圈融水径流变化的不确定性来源主要包括哪些方面？

延 伸 阅 读

丁永建, 张世强, 陈仁升. 2017. 寒区水文导论. 北京: 科学出版社.

陈仁升, 张世强, 赵求东, 等. 2019. 冰冻圈变化对中国西部寒区径流的影响. 北京: 科学出版社.

第5章
融水径流中的泥沙与水化学

冰冻圈融水径流携带的物质主要包括不溶性的悬浮性泥沙（悬移质）和可溶性的化学成分。悬移质是物理风化、融水侵蚀和降水冲刷共同作用的产物，对其的研究有助于认识侵蚀速率和泥沙的迁移转化，有助于评估泥沙对河道演变、河流水质及水力生态系统的影响。可溶性化学成分主要来自化学风化，还包括气溶胶、海盐粒子和人类活动的产物。融水径流具有独特的水化学特征，记录着水体的赋存条件、径流路径、补给来源，以及化学风化和人类活动等信息，可为区域水资源形成机理、水体间的水力联系、水质演变等研究提供理论支持。泥沙与水化学过程的耦合研究，在水文循环和生物地球化学循环方面扮演着重要角色。

5.1 融水径流中的泥沙变化

融水径流中的泥沙来自融水侵蚀和降水冲刷，其中融水侵蚀是最主要的来源。冻土融水对地表的侵蚀作用较弱，对泥沙产量的贡献可以忽略。虽然积雪融水在春汛期具有一定的侵蚀能力，但对泥沙产量的贡献比较小。冰川融水的侵蚀作用非常强烈，泥沙研究长期以来备受水文气候学家的关注。本节主要介绍冰川融水径流中泥沙的变化过程和特征。

5.1.1 含沙量和输沙率变化

融水径流中的悬移质主要以中粉砂、粗粉砂和细砂为主，细粉砂次之，黏土的比例最小。在消融季节，悬移质中不同粒径颗粒的相对比例变化不大，即融水径流中悬移质的组成相对恒定。在空间尺度上，悬移质组成的相对比例会发生变化，即具有一定的空间差异性，如在喜马拉雅山的根戈德里（Gangotri）冰川流域，悬移质中的细粉砂在不同消融季节所占的比例在 15 %左右[图 5.1（a）]，而在同一山系的多克里亚尼（Dokriani）冰川流域，细粉砂所占的比例仅为 10 %左右[图 5.1（b）]。

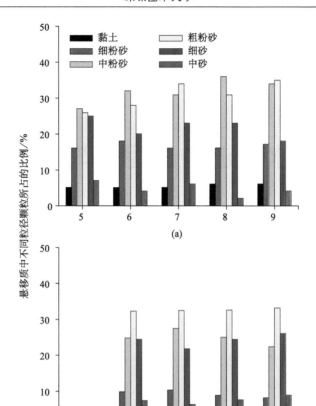

图 5.1　2004~2006 年喜马拉雅山 Gangotri 冰川（a）和 Dokriani 冰川（b）融水径流中不同粒径颗粒所占比例的季节变化（据 Singh et al., 2003; Haritashya et al., 2010）

1. 含沙量变化

含沙量或悬移质浓度（suspended sediment concentration，SSC）一般是指单位体积河水中所含有的悬浮性泥沙的质量，它是河流泥沙研究中的一个重要参数，计量单位一般为克/升（g/L）或毫克/升（mg/L）。一般来说，河流表面的含沙量最小、河床底部的含沙量最大。含沙量会随时间发生变化，在日、季节和年际时间尺度上含沙量都不一样。

（1）日变化：含沙量的日变化过程随着消融季节的行进而有差异。消融强烈时期的日变化过程比较明显，消融初期和末期的日变化过程不太明显。例如，在喜马拉雅山的根戈德里冰川流域，消融强烈月份（8 月）的含沙量在下午的 16:00 左右达到最大值，而消融较弱月份（6 月）的含沙量的最大值出现在 13:00 左右；无论是在消融强烈或消融较弱的时期，含沙量的较低值都出现在夜晚[图 5.2（a）]。不同的是，在喜马拉雅山的杜纳吉里（Dunagiri）冰川流域，1987~1988 年的含沙量在白天较低、夜晚较高，而1989 年的含沙量在白天和夜晚相当[图 5.2（b）]，这与采样时期大气降水的冲刷作用和

径流量的波动变化有关。

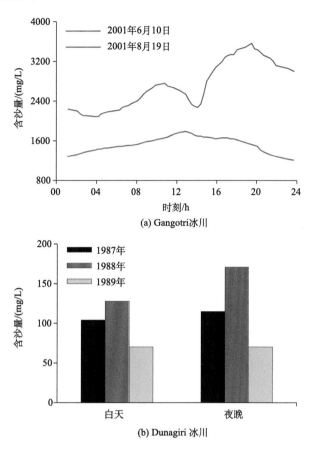

图 5.2　喜马拉雅山 Gangotri 冰川（a）和 Dunagiri 冰川（b）融水径流中含沙量的日变化过程（据 Singh et al., 2005；Srivastava et al., 2014）

（2）季节变化：含沙量的季节变化过程显著。消融强烈时期的含沙量高，消融较弱时期的含沙量低。例如，在喜马拉雅山的根戈德里冰川流域，2000 年和 2001 年的含沙量在消融强烈的 7 月达到较大值，在消融较弱的 9 月达到最小值，与径流量表现出同步变化趋势，即径流量大时含沙量高，径流量小时含沙量低（图 5.3）。值得注意的是，最大含沙量出现在 2000 年的 6 月和 2001 年的 5 月，这很可能与春汛期雪融水的侵蚀作用和冰内储水的突然释放有关。

（3）年际变化：含沙量的年际变化较大。在气温高且径流量大的年份含沙量高，在气温低且径流量小的年份含沙量低。例如，在喜马拉雅山的杜纳吉里冰川流域，1984 年和 1985 年 8 月的含沙量超过了 450mg/L，而 1987 年和 1989 年 8 月的含沙量小于 150mg/L[图 5.4（a）]。天山乌鲁木齐河源 1 号冰川 2006～2008 年融水径流中含沙量的平均变异系数为 0.98，喜马拉雅山融水径流中含沙量的变异系数为 0.80，这说明含沙量的年际变化幅度普遍较大[图 5.4（b）]。

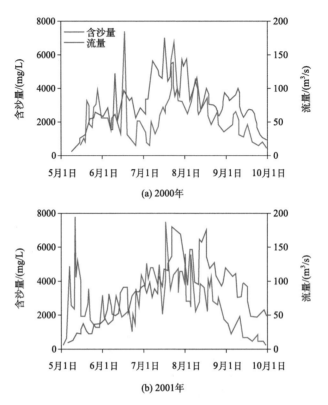

图 5.3　喜马拉雅山 Gangotri 冰川融水径流中含沙量
和流量的季节变化过程（据 Haritashya et al., 2010）

　　通过分析累积含沙量与累积径流量的关系可以认识含沙量与径流量变化的内在联系。含沙量的累积变化一般提前于径流量的累积变化。例如，在喜马拉雅山的根戈德里冰川流域，当累积含沙量和累积径流量的比例达到 50% 时，累积含沙量出现的时间比累积径流量提前了 13 天[图 5.5（a）]。当累积比例分别达到 10% 和 90% 时，累积含沙量比累积径流量分别提前了 23 天和 21 天（Haritashya et al., 2006）。可见，含沙量与径流量的变化幅度存在时间差异性。

2. 输沙率变化

　　除了含沙量，输沙率或悬移质载量（suspended sediment load，SSL）也是泥沙研究中一个重要的参数。输沙率是指在一定时段内通过河流某一断面的泥沙的重量，单位一般为千克/天（kg/d）或吨/年（t/a）。输沙率是随季节变化的，在年际时间尺度上也有较大差异。

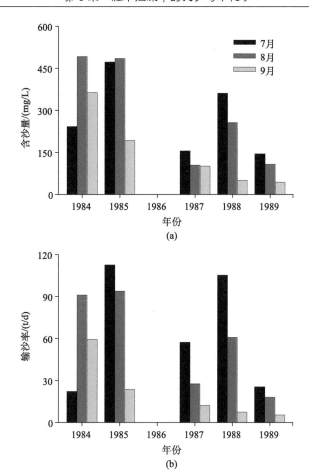

图 5.4　喜马拉雅山 Dunagiri 冰川融水径流中含沙量和输沙率的年际变化（据 Srivastava et al., 2014）

（1）季节变化：输沙率的季节变化过程显著。消融强烈时期的输沙率高，消融较弱时期的输沙率低。例如，在喜马拉雅山的根戈德里冰川流域，输沙率在消融强烈的 7 月底达到最大值，在消融较弱的 5 月初和 9 月底达到最小值，即径流量大时输沙率大、径流量小时输沙率小（图 5.6）。需要注意的是，8 月中旬的较大流量对应着较小输沙量。原因可能为，冰下的大部分泥沙已经在 7 月底释放出来，在随后的高流量时期冰下的产沙能力不足。类似的，在杜纳吉里冰川流域，输沙率在消融强烈的 7 月或 8 月达到最大值，在消融较弱的 9 月达到最小值[图 5.4（b）]。

（2）年际变化：输沙率的年际变化较大。径流量大的年份输沙率较高，径流量小的年份输沙率较低。例如，在喜马拉雅山杜纳吉里的冰川流域，1985 年和 1988 年 7 月的输沙率均超过了 100t，而 1984 年和 1989 年 7 月的输沙率小于 30t，年际差异高达 3 倍多[图 5.4（b）]。

累积输沙率与累积径流量的关系比较特殊。在消融强烈时期之前累积输沙率滞后于累积径流量，在消融强烈时期之后累积输沙率提前于累积径流量。例如，在喜马拉雅山的根戈德里冰川流域，当累积输沙率和累积径流量的比例都达到 50%时，累积输沙率比

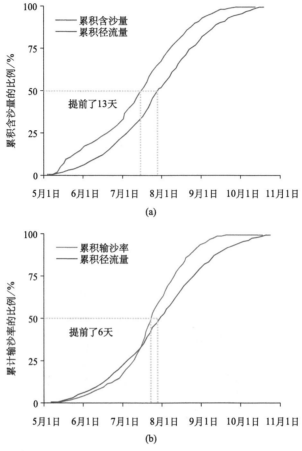

图 5.5　2001 年喜马拉雅山 Gangotri 冰川融水径流中累积含沙量（a）和累积输沙率（b）与累积径流量的关系（据 Haritashya et al., 2006）

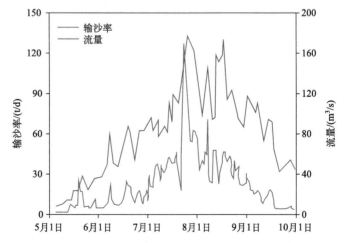

图 5.6　2001 年喜马拉雅山 Gangotri 冰川融水径流的输沙率与流量的季节变化过程（据 Haritashya et al., 2006）

累积径流量的出现时间提前了 6 天[图 5.5（b）]。不同的是，当它们的累积比例达到 10% 时，累积输沙量出现的时间比累积径流量滞后了 5 天（Haritashya et al.，2006）。可见，输沙率与径流量的变化幅度存在时间差异。

输沙率与流域的侵蚀速率密切相关，不同流域的侵蚀速率存在较大差别。例如，极地冰川及结晶岩较少的温带高原冰川流域的侵蚀速率均在 0.01mm/a 左右；对于地质构造较为活跃的地区，面积较大且运动速度较快的温带冰川流域的侵蚀速率在 10～100 mm/a 变化；阿尔卑斯山和喜马拉雅山冰川流域的侵蚀速率在 1.0～2.0mm/a 变化。

5.1.2　影响泥沙变化的主要因素

影响融水径流中泥沙变化的因素较多，气温、降水和径流量是最重要的影响因素。值得一提的是，如果融水径流注入湖泊，融水径流的流速会降低，大量泥沙会沉淀在湖泊里，从而湖泊下游的河流含沙量会降低。含沙量大时输沙率不一定大，含沙量少时输沙率不一定小。

含沙量与径流量的关系比较密切。径流量大时含沙量大，径流量小时含沙量小。在同一个流域，如果冰川消融增强、径流量增大，那么冰下的侵蚀作用和产沙能力增强，含沙量就增大，反之亦然。例如，在喜马拉雅山杜纳吉里冰川流域，1988～1989 年的含沙量与径流量之间存在幂函数关系，即径流量变大时含沙量变大、径流量变小时含沙量变小（图 5.7）。

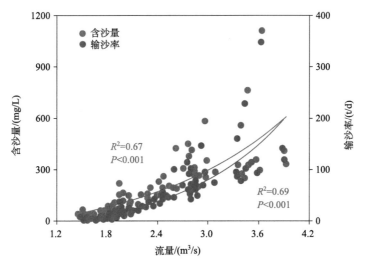

图 5.7　1988～1989 年喜马拉雅山 Dunagiri 冰川融水径流中含沙量和输沙率与流量的关系
（据 Srivastava et al.，2014）

含沙量与气温的关系也比较密切。气温是影响冰川径流量的最重要因素，即气温上升径流量增大，气温下降径流量减小。例如，在喜马拉雅山的冰川流域，月平均含沙量与月平均气温之间存在明显的幂函数关系，即气温上升含沙量变大，气温下降含沙量变小[图 5.8（a）]。含沙量与降水量的关系不太明显。原因为，冰冻圈流域的产沙能力主要受融水的侵蚀作用控制。

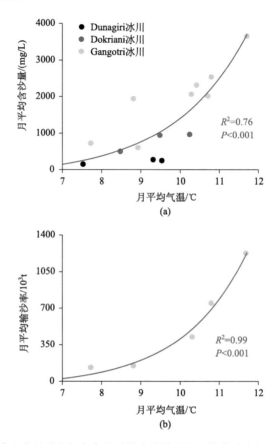

图 5.8　喜马拉雅山冰川融水径流中月平均含沙量和月平均输沙率与月平均气温的关系
（据 Haritashya et al., 2006；Srivastava et al., 2014）

输沙率是含沙量和径流量乘积的结果。相比含沙量，输沙率与径流量的关系更加密切，如在喜马拉雅山的杜纳吉里冰川流域，输沙率与径流量之间存在幂函数关系，即径流量增加时输沙率增大、径流量减小时输沙率减小（图 5.7），但当流量低于 1.8m³/s 时，输沙率基本保持不变，说明基流期的径流量和冰下侵蚀作用基本恒定。输沙率与气温的关系也比较密切，这是由于气温与径流量关系密切的缘故。例如，在喜马拉雅山的冰川流域，月平均输沙率与月平均气温之间存在幂函数关系，即气温越高输沙率越大、气温越低输沙率越小[图 5.8（b）]。

虽然降水对含沙量的影响不明显，但强降水对输沙率的影响比较显著。在天山乌鲁木齐河源 1 号冰川流域，强降水会使输沙率突然增大几倍（图 5.9）。强降水会使地表的冲刷作用突然增强、产沙能力突然增大，从而导致输沙率突然增加。需要指出的是，7 月 21 日的强降水没有引起输沙率增大，这可能与前几日的强降水使地表的产沙能力减弱有关。

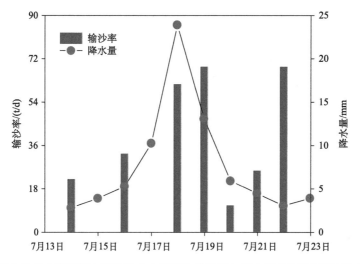

图 5.9　2008 年天山乌鲁木齐河源 1 号冰川融水径流的输沙率与降水量的变化过程（据 Gao et al., 2013）

除了径流量、气温和降水的影响，冰川面积与年平均输沙率之间也存在一定的关系。例如，在挪威的一些冰川流域，冰川面积与年平均输沙率之间存在幂函数关系，即冰川面积大时年平均输沙率大，冰川面积小时年平均输沙率小（图 5.10）。原因可能为，冰川面积越大融水径流量越大、冰川面积越小融水径流量越小，从而导致年平均输沙率的较大差异。

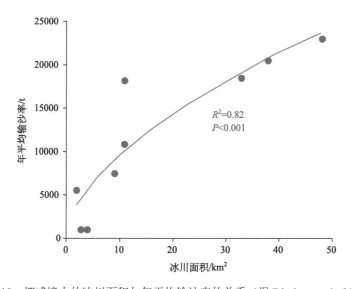

图 5.10　挪威境内的冰川面积与年平均输沙率的关系（据 Diodato et al., 2013）

5.2　融水径流的水化学特征

冰冻圈融水径流中的化学成分包含无机物和有机物。根据无机物含量的多少，可再分为主要组分和微量组分。一般来说，主要组分包括可溶性离子（如 Ca^{2+}、Mg^{2+}、Na^+、

K^+、SO_4^{2-}、HCO_3^-），微量组分包括微量元素（如 Fe、Al、B、Cu、Ba、Li、Sr 等）。虽然微量组分不决定水体的化学特征，但赋予了水体一些特殊的性质和功能。目前，对融水径流中有机物的种类和含量尚不完全清楚，当前研究主要集中在冰川和冻土流域的有机碳方面。

5.2.1　积雪水化学特征

积雪融水中化学成分的含量可用化学通量密度来表示。对于某一种化学成分，其通量密度为单位面积上融水的体积与融水中化学成分浓度的乘积。融水中化学成分的浓度不能直接反映积雪化学的平均状况，这与融化分馏和优先淋融作用的影响有关。

（1）融化分馏作用。较早通过雪层的融水会比较晚通过的融水含有更多的化学物质，这个过程称为融化分馏效应。原因为，融雪初期的融水会冲刷掉积雪中的大部分化学物质，从而导致融雪末期积雪中的溶质含量很低。例如，融雪初期融水中的 SO_4^{2-}、NO_3^- 和 Pb 浓度是积雪中相应浓度的 3～6 倍，而融雪末期融水中的溶质浓度仅占积雪中溶质浓度的一小部分。在积雪融化之前，积雪底部逐渐冻结的融水倾向于将溶质储存在靠近积雪底部的冰透镜体内，所以溶质浓度会从积雪表层的高浓度向积雪底部的高浓度转变（图5.11）。

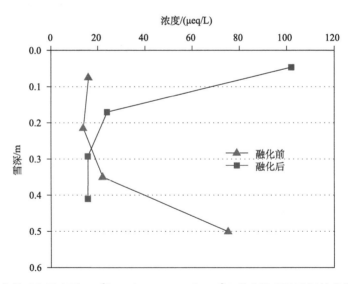

图 5.11　积雪融化前后主要离子（Ca^{2+}、Na^+、Cl^-、NO_3^- 和 SO_4^{2-}）的总浓度随雪深的变化过程（据 Hudson and Golding, 1998）

当量浓度（μeq/L）=[质量浓度（μg/L）/原子量]×电荷数

（2）优先淋融作用。在融雪初期，一些化学离子相比其他离子会提前从积雪中释放出来，这个过程称为优先淋融作用。积雪中离子的淋融次序为：SO_4^{2-} > NO_3^- > NH_4^+ > K^+ > Ca^{2+} > Mg^{2+} > H^+ > Na^+ > Cl^-。SO_4^{2-} 最容易被淋融掉，最不容易被淋融的是 Cl^-。以阴离子为例，优先淋融作用会导致 SO_4^{2-} 和 NO_3^- 首先被淋融掉，从而阴离子以 Cl^- 为主。相对积雪，融水会富集 SO_4^{2-} 和 NO_3^-。目前还不清楚优先淋融的原因，可能与离子进入冰晶格的能力有关。

在融雪初期，融化分馏和优先淋融作用会导致一些地区的酸性融水从积雪中释放出来，酸性融水脉冲会显著影响土壤和河水的化学特征，这是积雪水化学研究最受关注的问题之一。

5.2.2　冰川水化学特征

1. 水化学组成

融水径流的化学组成与流域的基岩类型、水体的地球化学特征、冰下排水系统的演变过程关系密切。水化学组成主要以可溶性离子为主，微量元素和有机物次之。

（1）可溶性离子：可溶性离子主要指 Na^+、K^+、Ca^{2+}、Mg^{2+}、HCO_3^-、SO_4^{2-}、Cl^- 和 NO_3^-。一般来说，阴、阳离子浓度的大小次序分别为 $HCO_3^->SO_4^{2-}>Cl^-/NO_3^-$ 和 $Ca^{2+}>Mg^{2+}>Na^+/K^+$（表 5.1）。不同的是，南北极一些流域阳离子浓度的次序为 $Ca^{2+}>K^+/Na^+>Mg^{2+}$，这与流域内基岩矿物的空间变化密切相关。阳离子浓度的次序与陆地地表元素的丰度次序基本一致，说明这些离子主要来自地壳物质的化学风化。大部分离子的平均浓度小于全球河水中阳离子的平均浓度，但也有一些例外。例如，祁连山七一冰川融水径流中的 Ca^{2+} 和阿拉斯加本奇（Bench）冰川融水径流中的 K^+ 的平均浓度大于全球河水中的浓度（表 5.1）。水化学类型以 $HCO_3^- - Ca^{2+}$、$HCO_3^- - (Ca^{2+}+Mg^{2+})$ 和 $(HCO_3^- + SO_4^{2-}) - (Ca^{2+}+Mg^{2+})$ 为主，与全球地表水的化学特征基本一致，这说明冰川融水径流的化学组成主要受 Ca^{2+}、Mg^{2+}、HCO_3^- 和 SO_4^{2-} 控制。

表 5.1　全球部分冰川融水径流中主要离子浓度的对比　　　　（单位：μg/L）

主要离子	唐古拉山 冬克玛底冰川	祁连山 七一冰川	阿尔卑斯山 德阿罗拉高地冰川	阿拉斯加 本奇冰川	南极 科特利茨冰川	格陵兰 沃森冰川
Cl^-	113	1278	88	72	22～43	1044～1116
NO_3^-	207	557	400			124～186
SO_4^{2-}	777	25020	5200	12576	163～365	1536～1938
HCO_3^-	38315	110525	17000	26047	5551～8052	4331～6100
K^+	339	568	370	2318	30～269	741～1053
Na^+	1011	2328	370	575	253～782	736～920
Mg^{2+}	1149	8173	400	432	72～84	192～252
Ca^{2+}	9993	31024	6600	11000	1440～1840	1300～1820

（2）微量元素：微量元素主要指 Fe、Al、Sr、B、Ba、Mn、Li、As、Rb、Zn、Cu、Ti、Ni、Sc、V、U、Mo、Pb、Cs、Cr、Co 和 Cd（表 5.2），还包括一些稀有元素（如 La、Ce、Nd、Yb、Pu 和 Lr）。随着冰川持续消融，融水径流可能对下游的水质水环境产生不良影响。与世界卫生组织（WHO）和美国环境保护部（USEPA）的饮用水水质标

准进行对比，除了秘鲁的里奥奎尔凯（Rio Quilcay）流域，其他流域融水径流中的微量元素浓度都低于世界卫生组织的标准,但唐古拉山冬克玛底冰川融水径流中 Fe 的最大浓度高于美国环境保护部的标准,Al 和 Pb 的最大浓度接近美国环境保护部的标准(表 5.2)。

表 5.2　一些冰川融水径流中微量元素的浓度与饮用水水质标准　（单位：μg/L）

微量元素	唐古拉山冬克玛底冰川融水	祁连山七一冰川融水	阿尔卑斯山德阿罗拉高地冰川融水	秘鲁里奥奎尔凯冰川融水	世界卫生组织饮用水标准	美国环境保护部饮用水标准
Fe	41.3　（21.5~113）	4.76	390	<100~740000	2000	50
Sr	29.4　（8.93~121）	84.7	15			
B	13.4　（3.10~55.6）				500	
Al	5.51　（1.14~41.0）	6.15	35	<200~24000	200	50~200
Ba	3.72　（0.88~19.2）	32.1	0.7		700	
Li		2.00	0.96	0.8		
As	0.65　（0.22~1.41）		0.8		10	
Mn	0.62　（0.10~3.52）	2.16	9.4	<100~13000	400	50
Rb	0.54　（0.15~1.05）					
Zn	0.49　（0.07~16.7）			<100~2000000	3000	5000
Cu	0.34　（0.07~2.47）	0.48	0.7		2000	
Ti	0.28　（0.10~0.96）	0.21	7.3			
Ni	0.26　（0.06~1.87）	0.1	0.6	<100~510000	20	
Sc	0.24					
V	0.24　（0.12~0.73）					
U	0.19　（0.04~0.65）		0.7		15	
Mo	0.18　（0.04~0.58）	0.25			70	
Pb	0.18　（0.00~2.14）		0.2	<500~12000	10	15
Cs	0.08					
Cr	0.05　（0.02~0.20）	0.09	0.9		50	
Co	0.04　（0.01~0.45）	0.01	0.1	<200~232000		
Cd	0.01（0.00~0.03）		0.2		3	

资源来源：Li 等（2016）。

（3）有机物：有关有机物的研究还很少。冰川内释放出来的可持续有机污染物（POPs）会对下游水环境产生危害，这些有机物主要来自人类活动。例如，喜马拉雅山一些冰川释放出来的多氯联苯（PCBs）和多环芳烃（PAHs）已进入地表水，很可能对下游居民的饮用水和食物安全产生危害。可以预见的是，在将来全球气候持续变暖和冰川加速消融的大背景下，主要受冰川融水补给的河流、湖泊和海岸带地区的水环境和生态系统可能面临严峻挑战。

2. 溶质的季节变化

融水径流中一些溶质浓度的季节变化十分显著。例如，在日和季节时间尺度上，主要可溶性离子和一些微量元素（如 Li、Sr、B、Fe、Ba）在径流量较大时的浓度较小、在径流量较小时的浓度较大（图 5.12、图 5.13）。这些离子和元素的浓度与径流量存在显著的反相关关系（图 5.14），这反映了冰川水文过程对水化学过程的控制作用（如融水的产生和迁移路径、水-岩相互作用的持续时间）。值得注意的是，在消融强烈时期（7～8月），一些可溶性离子和微量元素（如 NO_3^-、SO_4^{2-}、Na^+、Sr）的浓度与径流量的关系不显著[图 5.14 （b）、（c）]，这可能与融水径流中溶质来源和融水来源的变化有关。

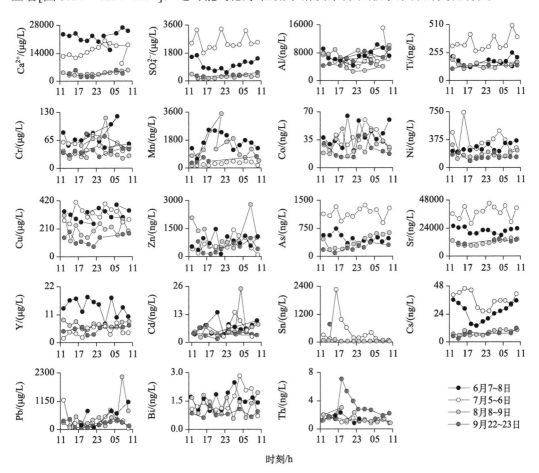

图 5.12　唐古拉山冬克玛底冰川融水径流中主要离子（SO_4^{2-} 和 Ca^{2+} 分别代表阴、阳离子）和微量元素（Sr 代表 Li、B、Sc、V、Rb、Mo、Sb、Ba 和 Fe，As 代表 Ga 和 U）的日变化过程（据 Li et al., 2016）

融水径流中溶质浓度的季节变化与冰川排水系统的演变过程密切相关。一般来说，融水径流主要由快速流（fast flow）和延迟流（delayed flow）组成。快速流主要在冰壁管道的渠道式排水系统内快速流动，这会限制融水中溶质的获取能力；延迟流主要在冰-基岩界面的分布式排水系统内慢速流动，这会促进融水中溶质的获取能力。也就是说，

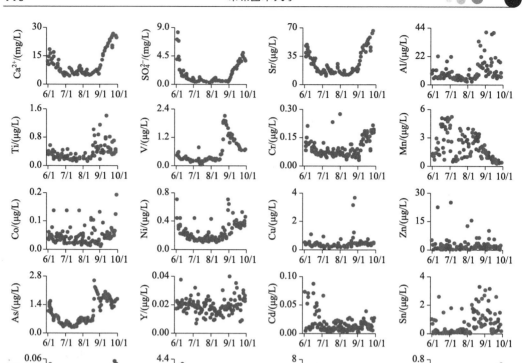

图 5.13　唐古拉山冬克玛底冰川融水径流中主要离子（SO_4^{2-}和 Ca^{2+}分别代表阴、阳离子）和微量元素（Sr 代表 Li、B、Sc、V、Rb、Mo、Sb、Ba 和 Fe，As 代表 Ga 和 U）的季节变化过程

当冰川消融较弱且径流量较小时,融水的流速较慢且与冰下沉积物相互作用的时间较长,融水中溶质的获取能力较大,从而导致融水径流中溶质的浓度较高。随着冰川消融增强,径流量会逐渐增大, 更多的融水会进入冰下环境, 此时来自延迟流的融水会被稀释,融水与冰下沉积物相互作用的时间减少, 融水中溶质的获取能力相应减小,从而导致融水径流中溶质的浓度较低。

　　融水径流中一些溶质的季节变化过程比较复杂。例如,在日和季节时间尺度上,一些微量元素（如 Mn、Co、Zn、Sn、Th）表现出随机变化特征,浓度与径流量的关系不显著（图 5.12～图 5.14）,这反映了物理化学过程（如沉淀、共沉淀）对水化学过程的控制作用。在季节时间尺度上,冬克玛底冰川和天山 1 号冰川融水径流中的 DOC 浓度在 5 月底至 7 月较高、在 8 月较低;不同的是,在 9 月至 10 月初,冬克玛底冰川的 DOC 浓度较高,天山 1 号冰川的 DOC 浓度较低（图 5.15）。原因为,5～7 月的高浓度 DOC 与冰面的积雪淋滤和融水冲刷有关,地下冰消融和土壤淋滤也有一定的贡献;虽然 8 月的融水冲刷作用增强,但大部分 DOC 在之前已经释放了出来,从而 DOC 的浓度较低;在 9 月至 10 月初,冬克玛底冰川较高的 DOC 浓度与冰前地区（proglacial area）发育良好的土壤有关，这明显不同于天山 1 号冰川冰前地区裸露的冰川沉积物（Li et al., 2018）。

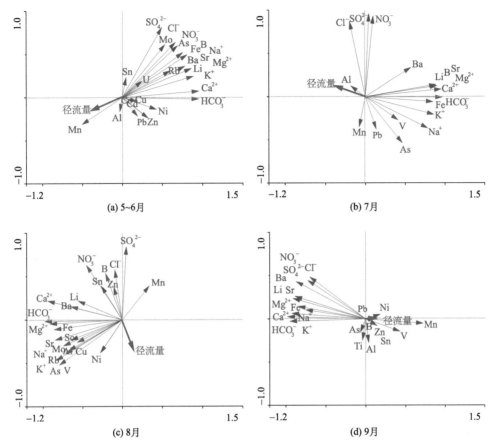

图 5.14　2013 年唐古拉山冬克玛底冰川融水径流中主要离子和微量元素的浓度与径流量的相关关系

箭头相反代表反相关关系，箭头同向代表正相关关系，箭头垂直代表没有关系

3. 溶质的来源

融水径流中的溶质主要来自地壳物质、海盐飞沫和气溶胶，还包括有机物（如植物）和地热释放物，其中地壳物质是溶质的最主要来源。目前，已经识别了冰川融水径流中主要可溶性离子的大致来源。一般来说，Cl^- 主要来自海盐，HCO_3^- 主要来自地壳，Na^+、K^+、Ca^{2+} 和 Mg^{2+} 主要来自地壳和海盐，SO_4^{2-} 主要来自地壳、海盐和气溶胶，NO_3^- 主要来自地壳和气溶胶。需要了解的是，冰川融水径流中一些可溶性离子的来源会因流域的气候、地形和位置等的不同而有所差异。总的来说，冰川融水径流中地壳源溶质所占的比例较大，海盐源溶质所占的比例较小。例如，斯巴尔巴德群岛冰川融水径流中地壳源溶质所占的比例为 48%~83%，海盐源溶质的比例为 7%~25%，气溶胶源溶质的比例为 4%~43%（表 5.3）。

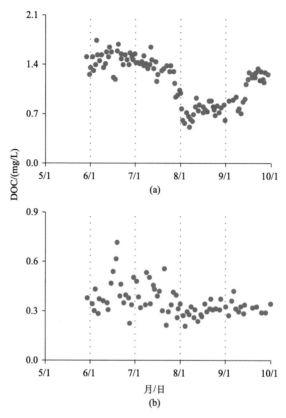

图 5.15　唐古拉山冬克玛底冰川（a）和天山 1 号冰川（b）融水径流中 DOC 浓度的季节变化过程（据 Li et al., 2018）

表 5.3　斯巴尔巴德群岛一些冰川融水径流中不同来源的溶质所占的比例　（单位：%）

冰川流域	地壳源	海盐源	气溶胶源
斯科特·特纳布林（Scott Turnerbreen）	71	25	4
奥地利布罗格布林（Austre Brøggerbreen）	52～58	8～20	27～34
埃尔德曼布林（Erdmannbreen）	68	20	12
米德尔诺凡布林（Midre Love'nbreen）	80～83	7～9	10～11
汉纳布伦（Hannabreen）	53	9	38
埃里克布伦（Erikbreen）	48	9	43

　　目前还无法识别冰川融水径流中有机物和微量元素的具体来源，但水化学模型的模拟结果可以指示微量元素在融水径流中的分布状态。一般来说，冰川融水径流中的金属元素主要以可溶性金属、非金属配体的复合物，以及单价和二价离子的混合态形式存在于水体中，可溶性元素（如 Cr、Cu、Fe、Mn）主要以氧化态，如 Cr（6）、Cu（2）、Fe（3）和 Mn（2）形式存在于水体中，碱土金属和碱性金属（如 Li、Sr、Ba）主要以单价和二价阳离子形式存在于水体中，其余大部分元素主要以羟基阴离子，如 $Fe(OH)_2^+$、$Al(OH)_4^-$，含氧阴离子（如 CrO_4^{2-}、$H_2VO_4^-$）或不带电的羟化物，如 $Cu(OH)_2$、$Hg(OH)_2$ 形式

存在于水体中。

4. 化学风化作用

冰川流域的化学风化作用十分强烈，化学风化的重要机制是酸的水解。碳酸岩风化是冰川流域最重要的化学风化作用，是融水径流中 HCO_3^- 的最主要来源。在化学风化过程中，碳酸岩的酸解受大气 CO_2 的酸解和解离[式（5.1）]以及硫化物氧化[式（5.2）]作用控制。硫化物氧化也是冰川流域重要的化学风化作用，黄铁矿氧化是融水径流中 SO_4^{2-} 的主要来源。

$$CaCO_3(s) + H_2CO_3(aq) \Longrightarrow Ca^{2+}(aq) + 2HCO_3^-(aq) \qquad (5.1)$$

$$4FeS_2(s) + 14H_2O(l) + 15O_2(aq) \Longrightarrow 16H^+(aq) + 8SO_4^{2-}(aq) + 4Fe(OH)_3(s) \quad (5.2)$$

融水径流中 HCO_3^- 和 SO_4^{2-} 的相对比例可以反映驱动化学风化的水合质子的重要性。在消融初期，融水径流中的质子主要来自降雪或冰川表面，这些质子与酸性硫酸盐和硝酸盐气溶胶的关系密切。通常假定黄铁矿的氧化伴随着碳酸岩的溶解：

$$4FeS_2(s) + 16CaCO_3(s) + 14H_2O(l) + 15O_2(aq) \Longrightarrow 4Fe(OH)_3(s) +$$
$$8SO_4^{2-}(aq) + 16Ca^{2+}(aq) + 16HCO_3^-(aq) \qquad (5.3)$$

应用融水径流中碳或硫的比值可以评估 HCO_3^- 和 SO_4^{2-} 比例的变化。碳比值[HCO_3^-/（HCO_3^-+SO_4^{2-}）]为 1 和硫比值[SO_4^{2-}/（SO_4^{2-}+HCO_3^-）]为 0 反映的是碳酸岩溶解反应，说明质子来自大气 CO_2 的溶解和解离；碳比值和硫比值为 0.5 反映的是硫酸盐氧化和碳酸岩溶解的耦合作用，说明质子来自黄铁矿氧化。例如，在瑞士阿罗拉上冰川流域，冰川融水径流中碳的比值能达到 0.75～0.9，此时的化学风化作用反映了大气源 H^+ 驱动的化学风化体系。

微生物活动会影响冰下的化学风化作用。以微生物为媒介的有机碳和硫化物氧化在冰下能形成一种酸性环境，从而减弱化学风化对大气 CO_2 的依赖性，这对冰期-间冰期尺度上陆地化学侵蚀量和冰川对大气 CO_2 吸收量的估算具有重要意义。以微生物为媒介的硫酸盐还原作用还会导致融水径流中硫酸盐的浓度减小。微生物活动可能是冰下质子的一种重要来源。

除了碳酸岩和硫化物风化，还存在其他化学风化作用，如硅酸岩风化、蒸发岩溶解。例如，唐古拉山冬克玛底冰川的数据簇分布在碳酸岩和硅酸岩风化的端元之间，远离蒸发岩风化的端元（图 5.16），这说明融水径流的水化学不但受碳酸岩风化作用控制，还受硅酸岩风化作用影响，其中蒸发岩风化作用的贡献最小。不同流域的化学风化作用具有一定差异。

阳离子剥蚀率可以反映流域化学风化作用的强弱。冰川流域的阳离子剥蚀率在 38～4200meq/（m^2/a）变化（表 5.4），明显高于全球陆地地表的剥蚀率。冰川流域的阳离子剥蚀率高于南极和格陵兰，这与冰川消融更加强烈有关。北极斯科特·特纳布林（Scott Turnerbreen）和朗斯布林（Longyearbreen）流域的阳离子剥蚀率较低，推测可能与这些流域的消融季节较短和径流量较小有关（表 5.4）。

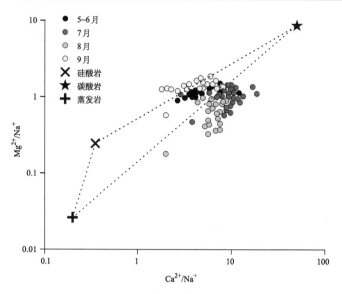

图 5.16　唐古拉山冬克玛底冰川融水径流中 Mg^{2+} 和 Ca^{2+} 与 Na^+ 的比率及与化学风化作用的关系（据 Li et al., 2016）

表 5.4　一些冰川流域的溶质产量和阳离子剥蚀率

名称	位置	溶质产量/[t/（km²/a）]	阳离子剥蚀率/[meq/（m²/a）]
Tuva 冰川	南极		163
Austre Broggerbreen 冰川	北极	23～28	240～270
Erdmannbreen 冰川	北极	16	190
Erikbreen 冰川	北极	31	320
Hannabreen 冰川	北极	30	320
Longyearbreen 冰川	北极	24	322
Scott Turnerbreen 冰川	北极	16	160
Midre Lovénbreen 冰川	北极	41～47	450～560
Kuannersuit 冰川	格陵兰	16	680～850
Watson River 冰川	格陵兰		38～56
Chhota-Shigri 冰川	喜马拉雅山	17	750
Dokriani 冰川	喜马拉雅山	10	462～4200
Tungufljót 冰川	冰岛	98	720
Hvítá-S/W 冰川	冰岛	80～123	650～1100
Worthington 冰川	美国北部	15	1600
S Cascade 冰川	美国北部	14	676～930
Haut Glacier d'Arolla 冰川	阿尔卑斯山	50～61	640～685
冬克玛底冰川	唐古拉山	15	185

5.2.3　冻土水化学特征

目前主要关注冻土退化过程中释放出来的物质（如营养元素）对下游水力生态系统及全球元素循环的影响。例如，气候变暖下冻土中储存的有机碳会释放出来，进入大气/海洋并成为陆地-大气/海洋碳循环的重要组成部分，最终会影响全球碳循环和气候变化。

1. 有机碳和有机氮

随着冻土加速退化，以前冻结并储存在冻土内的有机物质会随着地下冰的融化而被释放出来，目前有关冻土退化如何影响陆地有机碳和有机氮变化的研究已经取得一些共识。

冻土退化会使流域河水中 DOC 的浓度增大。例如，在阿拉斯加一些流域，冻土覆盖率为 53.5%的水体中 DOC 的浓度最高，冻土覆盖率为 3.5%的水体中 DOC 的浓度最低，冻土覆盖率为 18.5%的水体中 DOC 的浓度介于两者之间（图 5.17）。原因为，当冻土覆盖率高时，土壤潜水位高，融水与浅层有机土壤的相互作用强，从而导致水体中 DOC 的浓度较高；当冻土覆盖率低时，土壤潜水位低，融水与深层矿质土壤的相互作用强、与浅层土壤的作用弱，从而导致水体中 DOC 的浓度较低。水体中的 DOC 浓度具有显著的季节变化。例如，阿拉斯加一些冻土流域水体中 DOC 浓度在 6～7 月较高、8～9 月较低（图 5.17），这可能与冻土冻融过程和活动层厚度的变化有关。此外，有多年冻土覆盖的流域水体中 DOC 的浓度较低，有季节冻土覆盖的流域水体中 DOC 的浓度较高，而且季节冻土流域水体中 DOC 的浓度与泥炭覆盖面积的关系密切，即泥炭覆盖率高、DOC 浓度高，泥炭覆盖率低、DOC 浓度低（图 5.18）。

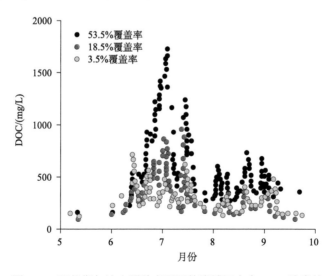

图 5.17　阿拉斯加冻土覆盖率不同的流域河水中 DOC 浓度的
季节变化过程（据 Petrone et al., 2006）

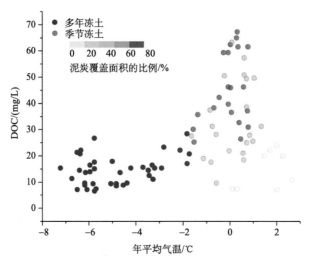

图 5.18　西伯利亚西部冻土流域河水中 DOC 浓度与年平均气温的关系（据 Frey and Smith, 2005）

冻土退化会使流域河水中可溶性有机氮（DON）的浓度增大。一般来说，冻土退化越强烈，对水体中 DON 浓度的影响就越大。例如，在阿拉斯加有季节冻土覆盖的流域，水体中 DON 的浓度较高；在有多年冻土覆盖的流域，水体中 DON 的浓度较低（Jones et al., 2005）。显然，随着冻土持续退化，冻土流域水体中的有机碳和有机氮浓度可能逐渐增大。

冻土退化会影响全球的碳、氮循环。随着气候变暖和冻土退化，冻结在多年冻土内的有机碳和有机氮很可能会被释放出来，这一部分碳和氮与全球的碳、氮循环息息相关。具体来说，随着气候持续变暖和冻土加速退化，冻土流域水体中的有机碳和有机氮的浓度会逐渐增大，考虑到融水径流量也相应增大，从而有机碳和有机氮的通量也会逐渐增大，进而影响区域及全球的碳循环和氮循环。随着冻土解冻，富含有机质的泥炭层也会导致水体中有机质的显著增加。预计到 2100 年，冻土流域河流中 DOC 的年通量会比现在增加一半。

2. 无机营养盐

目前有关冻土退化如何影响流域水体中无机营养盐（如硝酸盐、磷酸盐、硅酸盐）的浓度和通量，以及这些营养盐如何影响下游生态系统的研究仍存在较大的不确定性。

冻土退化会使流域河水中硝酸盐的浓度和输出量增大。一般来说，流域内冻土的覆盖率越高，水体在土壤内的滞留时间就越长，这有助于土壤中可溶性无机氮（DIN）的输出。随着冻土解冻，水体会向深层土壤迁移，此时土壤中的硝酸盐易于输出。例如，在低纬度地区有季节冻土覆盖的流域水体中硝酸盐的浓度较高，在高纬度地区有多年冻土覆盖的流域水体中硝酸盐的浓度较低（图 5.19）。一些冻土流域水体中硝酸盐的浓度和输出量已在 20 世纪 90 年代初期显著增加，这可能与许多新出现的热溶喀斯特现象和冻土的加速退化有关。

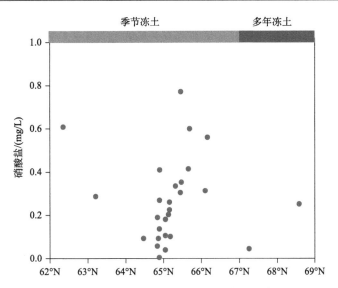

图 5.19　阿拉斯加连续和不连续多年冻土流域河水中硝酸盐浓度随纬度的变化（据 Jones et al., 2005）

冻土退化会使流域河水中硅酸盐和磷酸盐的浓度增大。原因为，随着冻土持续退化，冻土活动层的厚度会逐渐增加，土壤内的水体会从富含有机质的浅层土壤向富含矿物质的深层土壤迁移，从而水体中硅酸盐和磷酸盐的浓度增加。矿物风化是硅酸盐和磷酸盐的主要来源。例如，西伯利亚一些冻土流域河水中硅酸盐的浓度随着冻土覆盖率的减小呈增大趋势。

需要指出的是，除了气候变暖影响冻土退化，还有其他因素会影响冻土退化，所以不同冻土流域水体中营养盐的浓度和输出量可能存在显著的空间差异。在研究冻土退化对无机营养盐浓度和输出量的影响时，不但要考虑冻土退化模式，还要考虑土壤的化学组成和结构。

3. 无机离子

除了有机碳、有机氮和无机营养盐，冻土退化还会影响流域河水中主要可溶性离子的浓度和通量。冻土的退化模式与水体中主要离子的浓度和类型关系密切。在冻土快速退化期间，水体与富含有机质的浅层土壤的相互作用逐渐减弱、与富含矿物质的深层土壤的相互作用逐渐增强，所以流域水体中主要离子的浓度会随着土壤潜水位的快速降低而发生变化。

冻土退化会使流域河水中主要离子的浓度增大。例如，在西伯利亚一些流域，在有季节冻土覆盖的水体中总的无机溶质（TIS）的平均浓度大约为 289mg/L，远远大于有多年冻土覆盖的河水中 TIS 的平均浓度（48mg/L）（图 5.20）。这与冻土水文过程的驱动和调节作用有关，即多年冻土阻止了浅层水体向深层土壤迁移、限制了深层地下水与浅层土壤的接触。将来，随着径流量增加和稀释作用增强，冻土流域水体中主要离子浓度的增大趋势可能减缓。

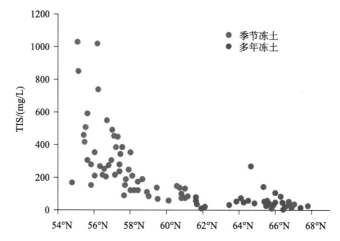

图 5.20　西伯利亚冻土流域河水中总无机溶质（TIS=Ca^{2+}+K$^+$+Mg^{2+}+Na$^+$+Si+Cl$^-$+HOC$_3^-$+SO$_4^{2-}$）的浓度与纬度的关系（据 Frey et al., 2007）

　　冻土退化会使流域河水中主要离子的通量增大。在一些流域，多年冻土退化已经导致流域水体中碳酸盐、Ca^{2+}、Mg^{2+}、K$^+$、Na$^+$和 SO$_4^{2-}$通量的增加。原因为，在一定条件下，多年冻土退化和土壤潜水位的降低会使土壤发生氧化，同时在土壤和泥炭的发育期间又会引起土壤矿化，所以冻土退化有助于土壤中无机离子和微量元素的释放。冻土流域的浅层土壤富含大量的溶质，所以在冻土退化过程中溶质通量很可能突然增加。溶质浓度和通量主要受未来径流量变化的影响。随着全球变暖，冻土流域将从地表水向地下水主导的水文系统转变，这将会对全球的水文系统、生态系统和生物地球化学循环产生影响。

5.2.4　稳定同位素特征

　　在水循环过程中，受混合作用和同位素分馏作用等影响，水体的稳定同位素在不同阶段和区域具有规律性变化。不同水体、不同来源的水分有着不同的氢氧同位素比率，根据稳定同位素的空间分布和变化规律可以识别不同水体的来源并示踪水体的运动等。这里，主要介绍冰冻圈地区与雪冰融水相关的大气降水、雪冰融水、山区溪水和河水等水体的稳定同位素比率和特征。

1. 大气降水的稳定同位素

　　大气降水中的稳定同位素比率会随着海拔的升高而逐渐降低（海拔效应），也会随着纬度的升高而逐渐减小（纬度效应）。全球降水中 δD 和 δ^{18}O 的平均值分别为−22‰和−4‰，而南北极降水中 δD 和 δ^{18}O 的平均值分别为−308‰和−53.4‰。目前监测到的南极降水中的 δD 的最小值可达−440‰，δ^{18}O 的最小值可达−55‰，而且加拿大北部、西伯利亚东部及高海拔山区降水中 δ^{18}O 平均值也较小，在−26‰～−22‰变化。海拔效应实际和温度效应有关，这是由于海拔增加和温度下降会引起冷凝作用，同时由于海拔增加和气压降低，达到饱和蒸汽压要比等压冷凝需要更低的温度。海拔效应和地形的变化也有关系。世界各地大气降水的海拔效应的差异程度很大。全球大多数区域，降水 $\delta^{18}O$ 的海拔效应一般为$-0.28‰/100m$，而冰冻圈区域的海拔效应变化较大，$\delta^{18}O$ 一般在$-0.50‰\sim$ $-0.15‰/100m$、δD 在$-4‰\sim-1‰/100m$。

在青藏高原地区，由于特殊的地理位置和地形，大气降水的水汽来源不仅与西风带的水汽输送有关，与来自低纬度的海洋水汽和高原内部下垫面蒸发的水汽也有关。水汽来源的不同，造成了青藏高原降水中稳定同位素的变化体现出一种空间差异性。以 $\delta^{18}O$ 为例，从空间上来看，青藏高原降水 $\delta^{18}O$ 值具有西南低、东北高的特征。高原西南部属于季风降水区，从每年春夏交接之际开始，来源于孟加拉湾海面蒸发的大量水汽随西南季风北上，为青藏高原南部带来大量的降水，降水 $\delta^{18}O$ 具有季风区降水的特征，降水量效应明显。在高原东北部，西南季风很难到达这一地区，季风水汽中 $\delta^{18}O$ 的季节变化对该地区的影响很弱，在来自中高纬度大陆性水汽的影响下，降水中 $\delta^{18}O$ 偏高，温度效应明显。

2. 融水的稳定同位素

积雪和冰川中的稳定同位素值主要受温度的影响。冬季积雪中的 δD 和 $\delta^{18}O$ 值要比夏季的小，如奥地利某冰川流域，冬季和夏季积雪中 δD 的平均差值达$-14‰$，这种季节变化可用于冰心定年。雪冰融水可导致冰川和积雪中的同位素值发生变化。在冰川剖面层中，靠近底部的样品比表面样品中的同位素值更低，这可能与顶部雪冰的局部融化有关。

在积雪没有大量融化的冬季，雪水的 $\delta^{18}O$ 重于雪堆，而在积雪大量融化的季节里，雪水的 $\delta^{18}O$ 则轻于雪堆，之后慢慢变得富集。雪水中稳定同位素的变化机理非常复杂，在美国 4 个积雪场的研究表明，尽管气候条件不一样，但雪水融化过程中同位素都越来越富集。天山乌鲁木齐河源的研究结果认为，尽管总体上新雪、残留积雪、冰川冰和表面融水 $\delta^{18}O$ 的值相差不大，经过融化的残留积雪中，$\delta^{18}O$ 仍呈现出较为复杂的变化模式，这可能由以下两个原因造成的：①旧雪可能不是来自同一次降雪事件；②积雪沉积后过程（积雪消融、蒸发、风吹雪等）使残留积雪中 $\delta^{18}O$ 空间分布特征发生改变。

冰川的不同部分由不同的同位素组成。夏季降水和经历过冰-水同位素交换后的粒雪和冰融水都相对富集重同位素。夏季降水和表层雪溶水的 δD 和 $\delta^{18}O$ 含量明显不同。冬季雪通常比夏季降水重同位素低，加之融雪过程中的动力同位素分馏作用，使冰雪融水的 δD 和 $\delta^{18}O$ 更进一步贫化。

冰川融水一般由冰融水、雪融水、冰川表面降水等混合而成。因此，冰川融水径流的同位素组成与不同来源的水和相对混合比有关。以冰川径流的 δD 为例：每天早晨径流中 δD 低，但在下午高。每年的晚夏 δD 值最高，在寒冷季节又呈现低 δD。这种现象实质反映冰川径流来源于不同比例的冰川冰、雪溶水及冰川地下水的变化。在温暖季节，水中 δD 值最高表明，冰川径流中冰和粒雪的融水占优势，寒冷季节水的低 δD 反映径流主要源于滞留时间不长的冰川地下水，此时冰和粒雪融水的数量减少到最低程度。

3. 溪水的稳定同位素

开始形成于山区的河流通常规模都不大，因此称其为溪水。溪水的同位素组成与大气降水的关系密切，存在同位素高度效应和同位素季节效应。在有雪冰融水的地区，径流的同位素组成还有可能存在反季节效应。山区溪水也是山区地下水的排泄地，同位素组成受地下水储库大小的影响明显，地下水储库小，径流的同位素组成变化幅度相对较大。

冰冻圈区域的山区径流强烈依赖冰雪的消融，因而雪冰融水成为溪水的重要组成部分。这种类型水的同位素组成明显地呈季节性变化。不过，这种季节性的变化恰恰与降水的情况相反：在夏季溶融季节，冬季储存的大量冰雪逐渐融化，致使溪水的稳定同位素含量比夏季降水低得多，甚至比冬季的降水还低。黑河上游的相关研究表明，1～3 月 δD 和 $\delta^{18}O$ 平均分别为–51‰和–8.0‰；自 4 月后，δD 和 $\delta^{18}O$ 迅速减小，到 6 月达到最低点，其原因在于冰雪融化使进入河流的融水量逐步增大，同时大气降水相对较少，因而河水中重同位素降至最低。汛期 7～10 月，山区降水量大，河水主要来自夏季降水的补给，重同位素富集，10 月后，温度变低，降水逐渐减少，河水 δD 和 $\delta^{18}O$ 值又开始减小。

与山区降水同位素组成相比，溪水的稳定同位素组成 δD 和 $\delta^{18}O$ 变化范围一般相对较小，这与进入溪水的雪冰融水及地下水中的定同位素组成变化范围较小有关。以黑河上游为例，莺落峡站 $\delta^{18}O$ 月平均值在–9.2‰～–7.2‰变化，而降水的月 $\delta^{18}O$ 变化范围为–27.2‰～–0.2‰。

4. 河水的稳定同位素

河水氢、氧同位素组成在源区基本上与溪流水的变化相同。由于河水是一系列溪流或支流汇集而成的，从河流上游的源头到下游，河水逐渐富重同位素组成，其变化受支流水的同位素组成和水量大小所制约。尽管河水的同位素季节性波动依然存在，但季节性变化幅度会受到一定程度的削弱。

发源于冰冻圈区域的河流，从源头到支流，一直到河流中下游地区，河水同位素组成变化具有一定的规律性，雪冰融水对河流径流的补给作用在不同区域有较大的差异。长江源区河水主要来源于大气降水、雪冰融水和湖泊水。在沱沱河水文站，7 月河水的 $\delta^{18}O$ 为–10.7‰～–9.9‰，估算出的大气降水、雪冰融水和湖泊水的相对贡献率分别在 42%～56%、39%～56%和 2%～4%。在直门达水文站，7 月河水的 $\delta^{18}O$ 为–12.3‰～–11.1‰，大气降水和冰雪融水的相对贡献分别在 50%～82%和 8%～40%，湖泊水的贡献约为10%。在金沙江河段，长江穿流于川、滇山地之间，河水主要受大气降水和雪冰融水的补给，湖水的贡献可以忽略。因此，河水的 $\delta^{18}O$ 值逐渐降低，在石鼓到攀枝花河段达到最低值–15.4‰～–12.7‰。从攀枝花到奉节，雅砻江、沱江、岷江、嘉陵江和乌江等主要支流的相继加入使干流径流量急剧增大。受到新加入的支流水的影响，源头来水的同位素印记逐渐淡化，干流河水的 $\delta^{18}O$ 值不断攀升，到奉节站河水的 $\delta^{18}O$ 值已升至–10.3‰～–8.8‰。

5.3　冰川融水径流中的营养元素

随着全球变暖，冰冻圈内的水-岩和水-土作用逐渐增强，伴随着融水径流量的逐渐增大，冰冻圈很可能释放出大量的营养元素，这会对水力生态系统和生物地球化学循环产生显著影响。本节主要介绍冰川消融释放出的铁、有机碳、硅和磷的变化特征。

5.3.1　融水径流中的铁

铁是海洋中浮游植物生长必需的营养元素，铁循环是地球系统的重要组成部分。粉尘气溶胶沉降是海洋中铁的重要来源，其他来源包括热液喷口、大陆架和陆地河流的输入。目前发现，南北极的冰盖和冰山是海洋中铁的另一个主要来源，其中冰盖的角色最为显著。

融水径流中的铁主要以溶解态（dFe，<0.02μm）、胶体态（CNFe，0.02～0.45μm）和颗粒态（pFe，>0.45μm）的形式存在。其中，dFe 和 CNFe 易于溶解并发生反应，具有较高的生物活性；pFe 大多以纳颗粒大小的氢氧化物的形式存在，也具有一定的生物活性。

格陵兰冰盖是北大西洋中铁的重要来源。来自格陵兰冰盖的铁的年通量为 0.3Tg/a，这个数量相当于进入北大西洋的粉尘气溶胶源的 dFe。格陵兰冰盖和南极冰盖每年释放出来的铁分别为 400～2540Gg 和 60～170Gg，其中 pFe 的通量最大、dFe 的通量最小（图 5.21）。冰盖源的铁的输出量受融水径流中颗粒态悬移质的控制，可以与进入格陵兰和南极海水的粉尘气溶胶源的铁通量进行比较。随着气候变暖，冰盖源的铁通量会继续增加。

铁的稳定同位素 ^{56}Fe 是研究铁的生物地球化学循环的重要工具。全球陆地河流中 $\delta^{56}Fe$ 的变化范围为-1.2‰～2.8 ‰，$\delta^{56}Fe$ 值的大小主要依赖于河水的化学特征和样品过滤时滤膜的孔径大小。然而，在冰川融水补给的河流中 dFe 的 $\delta^{56}Fe$ 值类似于冰川融水补给的科珀（Copper）河支流河水中 $\delta^{56}Fe$ 的地壳值。在北极一些冰川流域，河水中 dFe 的 $\delta^{56}Fe$ 值的变化范围为-0.11‰～0.09‰，$\delta^{56}Fe$ 值不会随着河水中 dFe 浓度的变化而发生显著变化。

5.3.2　融水径流中的有机碳

随着全球变暖，冰川消融会释放出大量的有机碳（OC），进入下游后会显著影响水力生态系统。冰面的微生物是冰川系统和地球生态系统不可分割的一部分。冰川系统内的 OC 主要来自冰川表面的初级生产力，以及陆地源和人为源碳质物质的沉积。冰面的 OC 还可能来自大风携带的周围环境中的有机物。虽然冰面的蓝藻细菌和藻类可以从大气中捕获 CO_2 并将其转化为 OC，但冰面的微生物也可以分解这些 OC 并使得生成的 CO_2 再次进入大气，这两种化学过程之间的平衡决定着冰川究竟是大气 CO_2 的碳汇还是碳源。

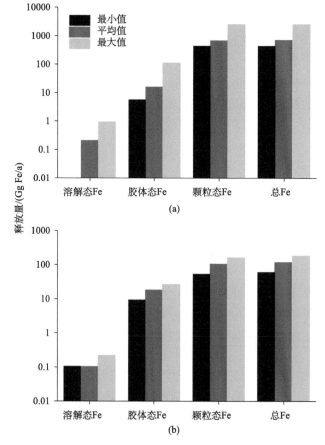

图 5.21　格陵兰（a）和南极（b）冰盖源的溶解态 Fe、胶体态 Fe、颗粒态 Fe 及总 Fe 的年释放量
（据 Hawkings et al., 2014）

冰川系统内的 OC 主要通过融水进入海洋，还可通过冰的崩解和海水-冰的相互作用进入海洋。深入了解冰川内 OC 的储量和释放量有助于认识冰川在全球碳循环中的重要作用。

冰川和冰盖内储存着大量的 OC，其中溶解态有机碳（DOC）的贡献较大、颗粒态有机碳（POC）的贡献较小。南极冰盖对 DOC 的贡献最大，山地冰川的贡献最小，格陵兰冰盖的贡献居中；南极冰盖对 POC 的贡献最大，山地冰川和格陵兰冰盖的贡献相当（图 5.22）。

冰川和冰盖消融会释放出大量的 OC，其中 POC 的贡献较大、DOC 的贡献较小。山地冰川对 DOC 的贡献最大，南极冰盖的贡献稍大于格陵兰冰盖；格陵兰冰盖对 POC 的贡献最大，南极冰盖的贡献最小，山地冰川的贡献居中（图 5.22）。虽然南极冰盖内的 DOC 和 POC 的储量最大，但 DOC 和 POC 的最大释放量分别来自山地冰川和格陵兰冰盖。

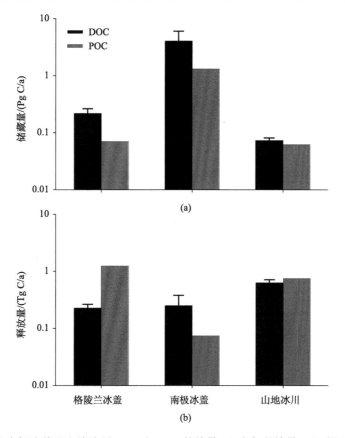

图 5.22 格陵兰和南极冰盖及山地冰川 DOC 和 POC 的储量（a）和年释放量（b）（据 Hood et al., 2015）

碳的稳定性（^{13}C）和放射性（^{14}C）同位素是识别 OC 来源的有效工具。冰川融水径流中 DOC 的 $\delta^{13}C$（$D^{13}C$）和 $\triangle^{14}C$（$D^{14}C$）的变化范围分别为 23.3‰～23.9 ‰和 96‰～259 ‰，冰川融水补给的湖水中 $D^{13}C$ 和 $D^{14}C$ 的变化范围分别为 22.4‰～22.9 ‰和 70‰～87 ‰。可见，冰川融水径流中 DOC 的年龄大于冰川湖水中 DOC 的年龄，冰川融水径流中 POC 的年龄大于冰川融水径流及湖水中 DOC 的年龄。随着冰川持续消融，冰川融水径流中 POC 的年龄会逐渐增大，即冰川源 POC 的释放量会逐渐增大。

5.3.3 融水径流中的硅

硅是海洋中藻类等物质必需的营养元素，在全球生物地球化学循环中扮演着重要角色。来自陆地河流的硅是海洋中溶解态硅（DSi）的主要来源，其他来源包括地下水、风成粉尘、深海热液和海底风化。随着气候变暖，冰川和冰盖向海洋中输入了大量的淡水和泥沙，同时也输入了大量的硅，从而会显著影响全球的硅循环和下游的水力生态系统。

融水径流中 DSi 的季节变化显著。例如，在格陵兰莱弗雷特（Leverett）冰川流域，消融季节初期的融水径流中 DSi 的浓度较高，这与冰盖底部的排水效率较低和冰上融水的稀释作用较弱有关[图 5.23（a）]。随着消融季节的行进，融水径流中 DSi 的浓度逐渐减小，这与融水量增加及其较强的稀释作用有关。相对比，融水径流中与悬浮颗粒物有关的颗粒态硅（ASi）的季节变化不明显，ASi 的浓度呈现出波动变化趋势[图 5.23（b）]。

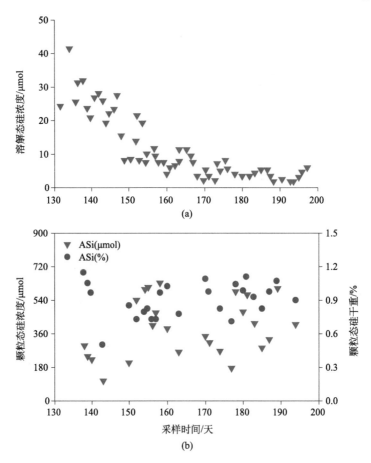

图 5.23　格陵兰 Leverett 冰川融水径流中溶解态硅（a）和颗粒态硅（b）浓度的季节变化过程（据 Hawkings et al., 2017）

ASi 是融水径流中硅的最主要来源。虽然格陵兰莱弗雷特冰川融水径流中 ASi 的平均干重只占 0.91%，但 ASi 的平均浓度却高达 392μmol[图 5.23（b）]。相对于 ASi，尽管融水径流中 DSi 的浓度较低，但 DSi 的侵蚀率[980kg/（km^2·a）]较高，可以与北极河流中 DSi 的侵蚀率进行比较。相对比，冰山中 ASi 的平均浓度比融水径流中 ASi 的浓度低，冰山底部冰中的 ASi 浓度比洁净冰中的 ASi 浓度要高。

冰盖在全球硅循环中扮演着重要角色。冰盖输出的硅已经引起了关注。格陵兰冰盖源的 ASi 通量为 0.16 T mol/a，明显大于冰山源的 ASi 通量（0.03 T mol/a）。格陵兰冰盖源的硅通量占进入北冰洋的硅通量的 37%，可以与粉尘沉积、地下水和热液源的硅通量进行比较。南极冰盖源的硅通量为 0.08 T mol/a，大约是格陵兰冰盖源硅通量的一半。总的来说，来自冰盖的硅的总通量为 0.3 T mol/a，大约占全球 Si 收支的 3%。目前还没有冰川源的硅研究。

5.3.4　融水径流中的磷

磷是海洋中生物活动必需的营养元素，与陆地和海洋生态系统的生产力，以及全球生物地球化学循环关系密切。进入海洋的磷主要来自陆地河流、大气沉积和海底的地下水溢流，陆地河流被认为是入海的外来磷的主要来源。来自冰盖的融水是陆地河流的重要组成部分。

由于物理侵蚀率高、融水径流量大，冰盖内的含磷矿物易发生化学风化。来自格陵兰冰盖的磷主要受两个过程控制：①冰上过程，冰盖表面的雪冰融水是磷的主要来源，融水中岩石源的贡献较小，冰尘穴等微生物的栖息地也可以贡献一部分磷；②冰下过程，冰盖的冰下环境是磷的一个来源地。普遍认为在冰盖下方存在着类似温冰川的冰下排水系统。由于水岩的比率高、基岩的化学风化以微生物为媒介，所以冰下排水系统是磷的重要来源地。

融水径流中不同形态磷的时间变化有较大差异。融水径流中溶解态活性磷（SRP）的季节变化相对比较明显，即随着消融季节的行进，SRP 的浓度呈现增大趋势（图 5.24），这与冰下排水系统中储水的冲刷作用密切相关。不同的是，融水径流中溶解态有机磷（DOP）的浓度随着时间的变化趋势不明显，DOP 的浓度明显低于 SRP 的浓度（图 5.24）。此外，融水径流中颗粒态磷（PP）的平均浓度为 850μg/g（Hawkings et al., 2016），与基岩中 PP 的含量类似，说明融水径流中的 PP 主要来自岩石的化学风化。实际上，融水径流中超过 90%的 PP 都是通过盐酸萃取获得的，所以融水径流中 PP 的含量主要受氟磷灰石的控制。

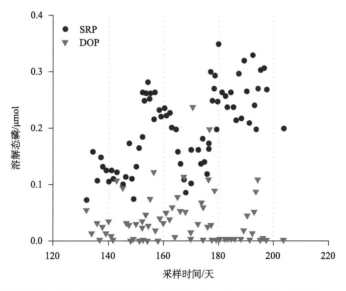

图 5.24　格陵兰莱弗雷特冰川融水径流中溶解态活性磷（SRP）和溶解态有机磷（DOP）浓度的季节变化过程（据 Hawkings et al., 2016）

冰盖在全球磷循环中扮演着重要角色。格陵兰冰盖的 SRP 和 DOP 产量可与全球一些大河（如密西西比河、亚马孙河）的 SRP 和 DOP 产量进行比较。来自格陵兰冰盖的 SRP 和 DOP 通量分别为 $3.2\sim4.9Gg/a$ 和 $0.4\sim0.7Gg/a$，其中 SRP 的通量可能超过了北极河流输出的磷通量的 15%，明显高于大气源的磷通量。来自整个格陵兰的磷通量为 400Gg/a，可与全球最大河流系统输出的磷通量进行比较。目前还没有来自南极冰盖和山地冰川的磷通量研究。可以肯定的是，随着气候变暖，来自冰川和冰盖的磷通量一定会随着融水径流流量的增加而增大。

5.4　水化学在冰冻圈水文研究中的应用

水化学观测和研究开始于 20 世纪 50 年代后期，标志着水文学研究开始进入分子和原子层面，水化学理论对于解决地表水和地下水的成分深化问题开始发挥作用。水化学方法和技术用于研究水的起源、存在、分布、运动和循环，以及水圈与其他地球圈层的相互作用。随着相关学科的发展和分析测试等技术水平的提高，水化学研究领域新的方法和手段也不断应用于冰冻圈水文的研究中，如利用同位素和水化学离子对水循环的标记作用，可对流域水文过程从微观上进行探讨，克服了冰冻圈水文研究中使用传统方法可能存在的工作面积大、工作难度大和工作基础薄弱的局限。这些都将对冰冻圈水文学的发展起到促进作用。

5.4.1　冰川排水系统的识别

冰内及冰下水文结构具有类似喀斯特系统的特征，因此可用化学离子或同位素来进行冰川水文系统的示踪试验。示踪试验通过在冰川上游不同地点和时间投放示踪剂，根据出水口监测到的浓度变化过程反演冰川排水通道的空间结构特征信息及其季节变化。示踪剂传播速度（v）与流量（Q）的关系可指示冰下排水通道是封闭承压或是开放。开放排水通道中流量与流速的变化关系是非线性的，且非线性的特征与排水通道水力半径相关；相反，封闭承压排水通道 v-Q 关系应为线性，且其线性斜率与水力几何形态相关，借此可指示排水通道的规模和阻滞性。

冰川融水中的可溶性离子可用于调查冰川水文系统的变化过程。例如，在斯瓦尔巴特的斯科特·特纳布林地区，应用融水中可溶性离子的变化范围识别出溶质的变化特征：①消融初期来自冰前结冰区的短暂高通量，以 Na^+ 和 HCO_3^- 浓度的快速减小和 SO_4^{2-} 浓度的稍微减小为特征；②消融初期与季节性雪融水的淋融作用有关的短暂高通量，以 Cl^- 浓度的逐渐增加和随后呈指数方式减小为特征；③随后融水逐渐的稀释过程；④融水中来自悬移质风化的溶质增加。

然而，应用不同离子调查冰下水文系统的结构时可能会产生不同结果。在应用 NO_3^-、HCO_3^- 和 SO_4^{2-} 探究山地冰川（瑞士的德阿罗拉高地冰川）和亚极地冰川（斯瓦尔巴特群岛的奥地利布罗格布林冰川）水文差异的过程中，事先假定融水中与海盐气溶胶和 NO_3^- 气溶胶有关的 NO_3^- 源自大气，然而德阿罗拉高地冰川融水中的 NO_3^- 浓度随着消融季节的进行而逐渐减小，这反映了冰下分布式水文系统中富集 NO_3^- 的雪融水的临时性存储。反之，奥地利布罗格布林冰川融水中的 NO_3^- 浓度以指数方式快速减小，这可能反映了季节性雪融水的淋融过程；随后的融水主要经冰面和冰内的水文路径进入河流，这使得融水通过冰缘泥沙和冰前结冰物获得了较多的溶质。可见，可溶性离子在研究冰川水文系统的结构方面具有较大潜力，不过需要更多的研究来确定其是否能提供相对准确信息的离子。

　　冰川河水中的微/痕量元素主要受水文和物理化学作用的控制。例如，在日和季节时间尺度上，冰川的大部分微/量元素与径流量呈反相关关系，反映了冰川河水中微/痕量元素的水文控制作用。融水径流主要由快速流和延迟流组成。快速流主要在冰壁管道的渠道式水文系统内快速流动，这会限制融水中溶质的获取潜力；而延迟流主要在冰和基岩界面的分布式水文系统内慢速流动，这会促进融水中溶质的获取潜力。在融水径流的水位最低时，融水径流主要来自延迟流，融水与冰下沉积物的长时间接触，溶质更多地进入融水中。随着径流量的增加，融水会逐渐直接地进入渠道式系统，这时的溶质来自冰上融水和冰下沉积物的相互作用。随着更多融水进入冰下环境，来自延迟流的融水被稀释并且水-沉积物相互作用的时间减小，从而导致了融水溶质浓度降低。可见，冰川河水中的一些微/痕量元素（如 B、Mo、Ba）也可以作为冰下水文调查的指示器。

5.4.2　水体来源的解析

　　冰冻圈流域河水补给来源中一般包括降水、雪冰融水和地下水（表 5.5），三者在不同流域、不同季节对河流的补给比例差别大。

表 5.5　冰冻圈流域河水补给来源及水化学特征

水体类型	主要形式	水化学特征
降水	降落后直接进入河水表面的雨和雪； 通过坡面汇流直接进入河流的雨水； 融雪水（从降落到融化的时间不超过三天）	稳定同位素和水化学离子成分季节变化大；暖季稳定同位素值普遍高于冰雪融水；水化学离子含量普遍较低
雪冰融水	冰川冰融化后进入河流的融水； 积雪（积累时间超过 3 天的雪）融化后进入河流的融水	稳定同位素和水化学离子成分季节变化不大；冰雪融水稳定同位素值一般低于降水和地下水；水化学离子含量较降水要高
地下水	第四系松散岩类孔隙水； 基岩裂隙水； 冰川系统内部地下水； 冻土内冰融水	稳定同位素和水化学离子成分季节变化小；由于经历了蒸发和混合作用，稳定同位素值普遍高于冰雪融水和多数降水；由于经历了水-岩作用，水化学离子含量普遍较高

　　不同水体在河流中汇流到一起时，水和水中溶解物质的组成必将发生明显变化。对于稳定同位素而言，由于降水的温度效应，同一地区冰雪的 $\delta^{18}O$ 和 δD 都相对于河水和雨水较低，而由于通过不同渗透路径形成地下水，可以削弱同位素信号的季节性变化，其同位素组成较为均一，因此其中便存在一个明显的同位素信号差异。同样，不同介质中的水化学成分也存在一定的差异，如由于蒸发作用和水岩作用，地下水中的离子含量

一般要远大于降水中的离子含量。利用水体的稳定同位素和水化学标记特征，可以确定地表径流中水体的组成和混合比，对于阐明河水的成因以及不同季节支流混合比的定量计算具有实际意义。

1）不同地表径流混合过程中水化学成分的均一化

在混合过程中，不同地表径流由于所处地理环境复杂程度不一，有的混合快，但多数混合得很慢。加拿大西北部利亚德（Liard）河和麦肯齐 （Mackenzie）河在汇流前，$\delta^{18}O$ 的平均值分别为–21.3‰和–17.4‰，同位素差异非常明显。在汇流点以下超过 480km 的地段内设置了 10 条剖面采集样品，结果表明距汇流点不少于 30km 处，河水才实现了完全混合。在南美洲，里奥内格罗（Rio Negro）和里奥索里芒斯河（Rio Solimoes）支流的同位素组成和化学成分相当不同。经测定，在两条支流汇流点马瑙斯（Manaus）之上，里奥内格罗河的 $\delta^{18}O$ 值比里奥索里芒斯河负得多。这两条支流汇成的亚马孙河水中，出现一个介于两条支流同位素组成之间的过渡带，说明支流水之间的混合很慢，直至马瑙斯汇流点以下 120km 处，仍未观察到完全混合。当然在河道狭窄、坡降陡峭、水流湍急的地段，河水的混合较易达到相对均一化。

2）河水径流分割

利用水化学方法进行径流分割的方法一般为端元分析法（EMMA）。冰冻圈流域河水补给来源中一般包括降水、雪冰融水和地下水。根据同位素和水化学质量守恒定律，可以确定河水的不同组成成分比例：

$$f_1 + f_2 + f_3 = 1 \tag{5.4}$$

$$C_1^1 f_1 + C_2^1 f_2 + C_3^1 f_3 = C_s^1 \tag{5.5}$$

$$C_1^2 f_1 + C_2^2 f_2 + C_3^2 f_3 = C_s^2 \tag{5.6}$$

式中，f_1、f_2 和 f_3 分别为降水、冰雪融水和地下水在河水中所占比例；C_1^1、C_2^1、C_3^1 和 C_s^1 分别为第一种同位素/水化学离子在降水、冰雪融水、地下水和河水中的浓度；C_1^2、C_2^2、C_3^2 和 C_s^2 分别为第二种同位素/水化学离子在降水、冰雪融水、地下水和河水中的浓度。

应用稳定同位素进行径流分割需要满足以下假定：①地下水和基流相同，同位素组成恒定不变；②降水及雪冰融水的同位素含量时空均一，或者其变化能够表征；③降水、雪冰融水与径流同位素组分差异较大；④土壤水对河川径流的贡献可忽略，或者其同位素组成与地下水相同；⑤地表储蓄量对流量过程线的贡献可忽略。

利用上述的分析方法，对祁连山老虎沟 12 号冰川流域末端 2009 年消融季节河水的径流组成进行了估算。冰川流域河水中冰雪融水占 69.9%，降水和地下水分别占 17.3% 和 12.8%（图 5.25）。

忽略地下水对河流径流的补给，可以简化上述模型至两个方程，只用一种同位素或水化学离子浓度对河流径流进行分割。当然，如果区域内土壤水、浅层地下水、深层地下水在同位素和水化学离子浓度差异显著时，还可以将地下水进一步划分。运用氢氧稳定同位素、性质保守的水化学参数（如 EC、Cl、TDS、Si 等）及其他辅助参数，可进行

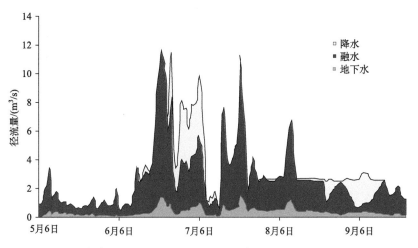

图 5.25　老虎沟 12 号冰川流域径流组成变化（据 Wu et al., 2016）

四水源或更多水源的径流分割。但要注意，保守离子的选取应建立在水化学分析的基础之上，不同的研究区域应予以分别筛选。除了同位素与水化学参数径流分割以外，还可考虑使用 DOC 及过量氚作为辅助参数进行径流分割。

5.4.3　洪水过程及预警

在冰冻圈区域河流洪水的形成与暴雨直接有关，但也与雪冰融水特别是积雪融水有很大关系。突发性的雪冰融水可以通过地表径流排泄，也可以渗入储水层中，还可能把过去储存的地下水挤压并排入河流。运用同位素和水化学离子的方法不仅可以确定洪水的组成及成因，还可以模拟计算各组分的相对量。由于突发性的融水和降水及地下水在同位素组成上有相当的差异，这种差异是洪水研究的基本出发点。

图 5.26 是天山北坡军塘湖流域在积雪消融期径流组成的变化情况。从图中可看出，壤中流补给河水的流量在积雪消融阶段几乎恒定未变，且所占比例最小；地下水流量与河水的变化趋势相似，出现了同步骤的起伏变化，说明地下水与河水的水力联系紧密，积雪融水的下渗可能把过去储存的地下水挤压并排入河流。融雪期积雪融水在河水中所占的平均比例较小，说明融水直接进入到河流的量较小，融水主要以下渗进入地下水为主。

此外，冰川融水的水化学变化还可以预测地热驱动的洪水事件，在有冰下火山和地热活动的环境中还可洞察融水水质的控制因素。例如，在 1989 年的消融季节，冰岛南部乔库拉索尔海马桑迪（Jokulsa Solheimasandi）冰川融水的水质变化明显指示了地热事件，具体表现为 H_2S 和 SO_4^{2-} 的浓度突然增大、Ca^{2+} 和 Mg^{2+} 浓度增加较小、pH 从 6.7 减小至 5.8，而且 SO_4^{2-} 与径流量的关系从地热事件之前/后的反相关关系转变为地热事件期间的滞后效应。这里，冰川水文水化学的变化以冰下的地震活动为前奏，紧接着河水径流量突然增加。这说明，融水的水质变化具有预测火山和地热驱动的洪水暴发的潜力，而且指示了在冰下火山和地热活动补给 CO_2 的区域水文系统的开放性。

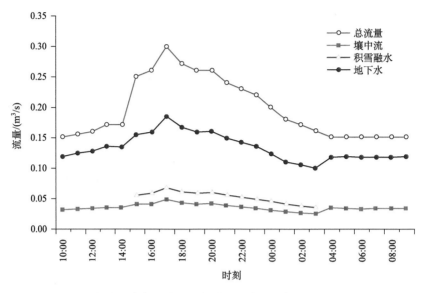

图 5.26　天山北坡军塘湖流域积雪消融期径流组成变化（据王荣军, 2013）

5.4.4　水体滞留时间的确定

　　雪冰融水是西北干旱区的重要的水资源。山区雪冰融水、大气降水，以及基岩裂隙泉水形成的地表径流从出山口进入山前盆地后，地表水与地下水转化频繁，天然条件下大约有 80% 以上的地表水渗入到山前大厚粗粒冲、洪积层，在绿洲带大约有 40% 的水又以泉水的形式排出成为地表水。在流域内，引水工程、地下水抽取及农业灌溉等改变了地下水的补给条件，使得流域地表水与地下水的转换复杂。确定水体的转化时间对区域水资源管理具有重要的作用。

　　流域水体滞留时间是流域特性的一个基本描述符，它可以揭示关于水的存储，水流路径和水流来源各方面的信息，它是水流路径空间变异性的一个综合指标，并且与流域的一些内在过程密切相关。量化流域水体滞留时间，为估算流域水资源循环周期、生物地球化学过程研究、人类活动对流域水资源的影响和污染物的传输等研究提供重要的参数。一般地讲，由于地表水滞留时间短，平常提到的水体滞留时间指地下水的滞留时间，即地下水的"年龄"，指水进入含水层直至它出现在排泄点（如井、泉等）的时间。

　　稳定同位素的季节效应能够计算流域平均滞留时间。稳定同位素 D 和 ^{18}O 是水分子构成中的一部分，在自然界中具有化学稳定性，无离子交换和吸附作用，其动力行为与水相同，在野外或实验室样品容易采集或分析，因此成为水体滞留时间评估的首选。降水稳定同位素 D 和 ^{18}O 形成的输入信号，由于季节变化，变化幅度大，为高频信号，通过流域平均滞留时间分布，在流域径流形成过程中得到削弱，削弱的程度与水流路径、非饱和带和含水层介质的物理属性、水力参数等有关。因此，流域径流出口的同位素输出信号，变化幅度变小，为低频信号。根据系统的输入和输出信号变化幅度不同，可计算出流域系统的平均滞留时间。假设降水-径流系统中同位素的传输关系为线性，并将降水–径流系统概化为线性的集中参数系统。

稳定同位素一般具有明显的季节变化，这种季节变化可用波函数表示为

$$\delta = \beta_0 + A[\cos(ct - \Phi)] \tag{5.7}$$

上式求解困难，可变换为

$$\delta = \beta_0 + \beta_{\cos}\cos(ct) + \beta_{\sin}\sin(ct) \tag{5.8}$$

式中，δ 为同位素输出函数；β_0 为同位素的平均值；$\beta_{\cos}$ 和 $\beta_{\sin}$ 为三角函数的回归系数；A 为同位素变化的振幅，$A = \sqrt{\beta_{\cos}{}^2 + \beta_{\sin}{}^2}$；$\Phi$ 为滞后相位，$\tan\Phi = \left|\dfrac{\beta_{\sin}}{\beta_{\cos}}\right|$；$c$ 为角频率；t 为时间。

利用指数流模型，结合式（5.9），可得到：

$$\tau = c^{-1}\sqrt{f^{-2} - 1} \tag{5.9}$$

式中，τ 为平均滞留时间；f 为阻尼系数，$f = B_n/A_n$，B_n 为同位素输入函数的振幅，A_n 为同位素输出函数的振幅；c 为角频率。

由于同位素的测试误差和同位素季节变化振幅的限制，波函数方法估算流域平均滞留时间不能超过 5 年。用波函数方法计算流域平均滞留时间，需要长时间序列的同位素输入和输出信号（一般需要 2 年以上的数据）。由于水体同位素采样费用和实验费用的限制，采样频率一般为每周（或每月）采集一次，采样时间序列也比较短。短时间的同位素输入和输出数据，易造成计算流域平均滞留时间的误差和不确定性增大。目前研究中，大部分需要延长流域中同位素输入和输出信号的时间序列，延长同位素数据时间序列的方法主要有：①根据同位素与气温的相关关系；②根据拟合的同位素波函数，直接延长同位素数据；③研究区没有降水同位素数据，可用邻近站点降水同位素数据替代。

根据波函数方法和指数流模型，以祁连山小昌马河老虎沟冰川小流域 4150m 以上雪冰融水季节效应变化的 ^{18}O 值当作输入信号，下游 2200m 处地下水季节效应变化的 ^{18}O 值做输出信号，通过计算得出祁连山小昌马河流域水体平均滞留时间为 2.17 年（图 5.27），即雪冰融水在祁连山老虎沟出山口下渗后，经历了约 26 个月才从昌马出露地表。

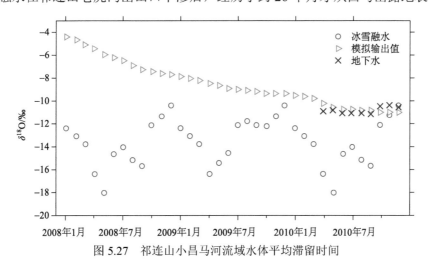

图 5.27　祁连山小昌马河流域水体平均滞留时间

5.4.5 水体蒸发量的估算

水分通过蒸发、凝结、降落、下渗和径流形成水的循环。由于水分子的某些热力学性质与组成它的氢、氧原子的质量有关，在水的各种状态转化过程中会发生同位素的分馏。许多天然过程都可造成天然水中同位素化合物的差异，比较重要的过程是蒸发和凝结。水在蒸发和凝结时，组成水分子的氢和氧同位素含量将产生微小的变化。同位素分馏一般可分为平衡分馏和动力分馏。各种同位素水分子的蒸汽压与分子的质量呈反比，蒸发水体中稳定同位素的分馏归因于水的轻重同位素饱和水汽压 e 之间的差异，e（$H_2^{16}O$）高于 e（$H_2^{18}O$）和 e（$HD^{18}O$），在水体蒸发过程中，轻的水分子 $H_2^{16}O$ 比包含有一个重同位素水分子（$H_2^{18}O$ 或 $HD^{18}O$）更为活跃，率先从液相中逃逸，这样水蒸气富集 H 和 ^{16}O，剩余水则富集 D 和 ^{18}O。

冰冻圈区域如青藏高原由于湖泊众多，湖水和河水的蒸发对水分循环的影响不容忽视。长江源头由于气候干燥、日照强烈，由降水直接加入或由雪冰融水进入湖沼的水分经过长期蒸发，湖水的 $\delta^{18}O$ 和 δD 值逐渐升高，如青海湖由于长期的蒸发作用使湖水的平均 $\delta^{18}O$ 和 δD 值分别高达 2.0‰和 12.5‰。相比而言，在一些既有河水流入又有湖水流出的湖泊中，湖水的 $\delta^{18}O$ 和 δD 值的升高程度就要稍低一些，如位于黄河源区的鄂陵湖，其湖水的 $\delta^{18}O$ 和 δD 值分别为–3.1‰和–32‰。受到长期蒸发作用的湖水对受它补给的河水的氢氧同位素组成必然要产生一定的影响。就长江正源沱沱河而言，地区大气降水的平均 $\delta^{18}O$ 值为–11.9‰，其源头格拉丹东雪山的雪冰平均 $\delta^{18}O$ 值为–12.4‰，而沱沱河水的平均 $\delta^{18}O$ 值为–10.2‰，显示出受蒸发作用的湖水对河水的影响。

稳定同位素方法对于估算湖泊蒸发是一个有用的工具。在计算湖泊水蒸发时，由于进入湖泊的入湖水量比较多，主要是地表、地下的入湖水量难以确定。利用同位素方法计算湖泊蒸发的特点是不必测定入湖水量，只需测定其稳定同位素比率，结合水量平衡和稳定同位素物质平衡方程可计算湖泊蒸发量。章新平和姚檀栋（1997）根据青海湖实测的氧同位素比率资料和有关水文气象资料，利用稳定同位素模型计算得出青海湖多年平均蒸发量为 877mm，该值与同一时期 904.6mm 的实测蒸发量大致相当。

由于同位素取样难度比较大，各种水体同位素含量也并非一个常值，受温度、湿度等因素的影响较大，其精确性受到影响。因此，由稳定同位素方法做出的蒸发估计值应该与其他一些方法所得蒸发估计值进行比较。

参 考 文 献

王荣军. 2013. 基于环境同位素的融雪期径流分割——以天山北坡军塘湖流域为例.新疆大学硕士学位论文.

章新平,姚檀栋. 1997. 利用稳定同位素比率估计湖泊的蒸发.冰川冻土, 19(2):161-166.

Diodato N, Støren E W N, Bellocchi G, et al. 2013. Modelling sediment load in a glacial meltwater stream in western Norway. Journal of Hydrology, 486: 343-350.

Frey K E, Siegel D I, Smith L C. 2007. Geochemistry of west Siberian streams and their potential response to permafrost degradation. Water Resource Research, 43: W03406.

Frey K E, Smith L C. 2005. Amplified carbon release from vast West Siberian peatlands by 2100. Geophysical Research Letters, 32: L09401.

Gao W, Gao S, Li Z, et al. 2013. Suspended sediment and total dissolved solid yield patterns at the headwaters of Urumqi River, northwestern China: a comparison between glacial and non-glacial catchments. Hydrological Processes, 28: 5034-5047.

Haritashya U K, Kumar K, Singh P. 2010. Particle size characteristics of suspended sediment transported in meltwater from the Gangotri Glacier, central Himalaya-An indicator of subglacial sediment evacuation. Geomorphology, 122: 140-152.

Haritashya U K, Singh P, Kumar N, et al. 2006. Suspended sediment from the Gangotri Glacier: quantification, variability and associations with discharge and air temperature. Journal of Hydrology, 321: 116-130.

Hawkings J R, Wadham J L, Benning L G, et al. 2017. Ice sheets as a missing source of silica to the polar oceans. Nature Communications, 8(1): 1-10.

Hawkings J R, Wadham J L, Tranter M, et al. 2014. Ice sheets as a significant source of highly reactive nanoparticulate iron to the oceans. Nature Communications, 5(1): 1-8.

Hawkings J R, Wadham J L, Tranter M, et al. 2016. The Greenland Ice Sheet as a hot spot of phosphorus weathering and export in the Arctic. Global Biogeochemical Cycles, 30: 191-210.

Hood E, Battin T J, Fellman J, et al. 2015. Storage and release of organic carbon from glaciers and ice sheets. Nature Geoscience, 8(2): 91-96.

Hudson R O, Golding D L. 1998. Snowpack chemistry during snow accumulation and melt in mature subalpine forest and regenerating clear-cut in the southern interior of B C. Nordic Hydrology, 29: 221-244.

Jones J B, Petrone K C, Finlay J C, et al. 2005. Nitrogen loss from watersheds of interior Alaska underlain with discontinuous permafrost. Geophysical Research Letters, 32: L02401.

Li X, Ding Y, Xu J, et al. 2018. Importance of mountain glaciers as a source of dissolved organic carbon. Journal of Geophysical Research: Earth Surface, 123(9): 2123-2134.

Li X, He X, Kang S, et al. 2016. Diurnal dynamics of minor and trace elements in stream water draining Dongkemadi Glacier on the Tibetan Plateau and its environmental implications. Journal of Hydrology, 541: 1104-1118.

Petrone K C, Jones J B, Hinzman L D, et al. 2006. Seasonal export of carbon, nitrogen, and major solutes from Alaskan catchments with discontinuous permafrost. Journal of Geophysical Research: Biogeosciences, 111: G02020.

Singh P, Haritashya U K, Ramasastri K S, et al. 2005. Diurnal variations in discharge and suspended sediment concentration, including runoff-delaying characteristics, of the Gangotri Glacier in the Garhwal Himalayas. Hydrological Processes, 19: 1445-1457.

Singh P, Ramasatri K S, Kumar N, et al. 2003. Suspended sediment transport from the Dokriani Glacier in the Garhwal Himalayas. Nordic Hydrology, 34: 221-244.

Srivastava D, Kumar A, Verma A, et al. 2014. Characterization of suspended sediment in Meltwater from Glaciers of Garhwal Himalaya. Hydrological Processes, 28: 969-979.

Wu J K, Wu X P, Hou D J, et al. 2016. Streamwater hydrograph separation in an alpine glacier area in the Qilian Mountains, Northwestern China. Hydrological Sciences Journal,61(13): 2399-2410.

思 考 题

1. 气候变化如何影响融水径流的含沙量和输沙率?

2. 影响雪冰融水水化学成分的主要因素有哪些? 哪些化学过程控制雪冰融水的成分?

3. 冰冻圈不同水体中稳定同位素组成是如何继承和变化的?

4. 结合能收集到的其他资料,探讨融水中营养元素在水文循环中的独特作用。

5. 同位素方法在水文学中还有其他的重要应用,结合延伸阅读材料对其在冰冻圈水文中的应用进行更好的理解。

延 伸 阅 读

丁永建,张世强,陈仁升.2017.寒区水文导论.北京:科学出版社.

顾慰祖,庞忠和,王全九,等.2011.同位素水文学.北京:科学出版社.

第6章
冰冻圈的流域水文作用

冰冻圈的流域水文作用主要为水源涵养（冷湿岛效应）、径流补给（水源）及水资源调节（调丰补枯），以及由于冰冻圈快速消融引发的极端水文事件等。由于冰川、积雪和冻土的水文作用各有侧重，流域尺度冰冻圈要素的组合特点决定了冰冻圈在不同流域水文作用的差异。

6.1 流域水源涵养作用

作为广泛分布的冷圈（冷岛），冰冻圈改变了区域的温湿度场和环流条件，并能够有效拦蓄并凝结水汽形成更多的降水，从而形成了冷湿的小气候环境(湿岛)，即所谓的"冷湿岛效应"，有效地涵养了水源，特别是在山地冰冻圈地区，高大山系能够有效拦蓄水汽并冷凝形成降水。冰冻圈的这种水源涵养作用，增加了冰冻圈流域的水量补给，有效抑制了流域的蒸散发过程，从而形成了冰冻圈流域特色的水量平衡。但相关研究较为薄弱，缺乏完整的理论基础，以及系统的观测数据、研究方法和数学模型等。因此，本章首先初步阐述了冰冻圈冷湿岛效应的理论基础，并主要以冰川为例，从山地降水最大高度分布、冰川内外温湿场差异及山地云层分布等方面，介绍了冰冻圈冷湿岛效应的一些观测事实。

6.1.1 冰冻圈冷湿岛效应的理论基础

山地冰冻圈所在的高大山系，能够直接拦截由于地形抬升而沿山坡上升的水汽，以及沿主风向运动的水汽。由于冰冻圈是一个巨大的冷源，可以有效凝结这些水汽形成降水。特别是在干旱内陆河流域，冰冻圈在拦蓄外源水汽的同时，还拦蓄了较多的内循环水汽。

在中国西北内陆河的中下游流域,流域降水量和冰川消融量基本消耗于蒸散发过程。广泛分布的荒漠和绿洲地区的蒸散发过程强烈，水分上升成为水汽，由于该区气候干燥，气温高，而内陆河山区流域气温低，在巨大的温差作用下，荒漠和绿洲地区的水汽容易向山区运移，浅山和低山区的水汽则在地形抬升和温差作用下向高山区运移，受高山冰冻圈的冷凝作用影响，在适当的气象条件下，在山区形成降水，之后再次以径流的形式补给荒漠和绿洲区，从而形成水汽的内循环。

此外，全球环流如西风携带的大量外源水汽，也直接受到高大山体的抬升和拦截，与内循环过程相互作用，在山地拦截和冰冻圈冷凝作用下，可在高山区形成降水高值区（图6.1）。

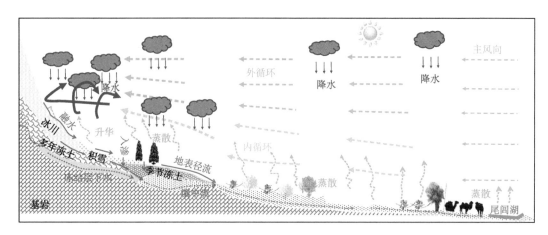

图6.1 干旱内陆河流域水汽循环及山地冰冻圈拦蓄降水过程示意图

高山冰冻圈地区以固体降水为主，常见冰雹和霰等降水过程，而它们的形成发展需要强烈的对流活动、不稳定层结等必要条件。这说明在高山冰冻圈地区，大气垂直运动比较强烈，尤其在冰川边缘交汇区，反映了冰川下垫面的温度场等对气流的影响作用。图6.2为祁连山葫芦沟小流域十一冰川末端2015年夏季两个时刻的风场分布，监测发现Hulu-5气象站位置为祁连山黑河干流流域的降水高值区，且该处风场扰动和聚合现象明显（Chen et al., 2018a）。

山地降水量随海拔增加的现象，一般用地形的动力作用来解释，但对于高山冰冻圈区来说，则不仅仅是山地地形的扰动作用；冰冻圈的广泛分布改变了下垫面的温度场和湿度场，才是促使高山区形成高降水带的主要原因。相关数值模拟结果表明（胡隐樵，1987），在西北干旱区，山地作为冷岛与其周边干燥炎热的荒漠之间形成了巨大的温差水平梯度，造成了山地-荒漠间很强的水平湍流交换。同时，高山冰冻圈与低山地区，也由于温度梯度形成了沿山坡方向的水汽和热量交换；这些湍流的运动，不仅改变了山地内部的气温和水汽的对流，从而形成局地环流，而且将山地外围荒漠或低山区的较热空气输送到冷岛上空，形成上热下冷的逆温层，再次加强了湍流运动（图6.1）。冷岛内部加强的湍流运动，又使空气不断上升，使冷岛与周边的水热梯度进一步加大，从而加强了冷岛。因此，当有平流通过时，在冷岛附近遇到很强冷气团的阻挡，在上风岸形成了较强的上升气流。这种局地环流与高山冰冻圈的覆盖范围有一定的关系，冰冻圈覆盖范围越大造成的局地环流越强，对于分布几万平方千米的高山冰冻圈地区来说，必然会造成很强的对流，从而形成了降水量高值区。

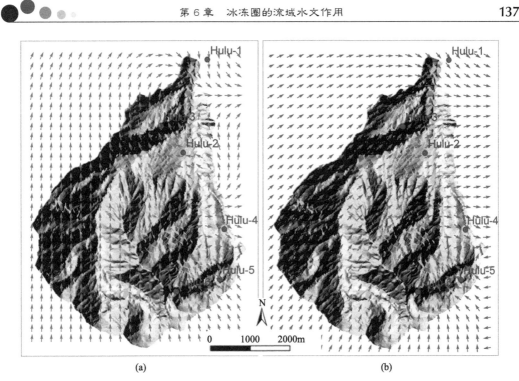

图 6.2　祁连山葫芦沟小流域 2015 年 6 月 24 日 8:30（a）和 15:30（b）的近地表风场（Chen et al., 2018a；风向数据为 Hulu-1～6 气象站插值，故远离气象站的风向数据不代表实际情况）

　　简单来说，在中国西部干旱山地，由于地形及冰冻圈温度和湿度场的扰动，加强了水汽的运动和不稳定程度，造成水汽凝结加剧，形成降水过程并使降水量随高度增加而增加。由于高大山系地形的复杂性，在不同地区，冰冻圈温湿场扰动的影响程度具有一定的差异。在有些地区，冰冻圈温湿场扰动达到一定高度后，水汽凝结量达到最大，从而形成了最大降水高度；而在有些地区，受这种扰动的影响，水汽随海拔持续增加，从而造成降水量随海拔不断增加的现象。因此，正是由于冰冻圈的温湿场扰动，即冷湿岛效应，从而改变了经典的降水量-海拔关系，即中纬度山地降水量随海拔升高在山脚或山腰位置形成最大降水高度带，之后降水量随海拔升高而减少的降水量-海拔分布关系，而在冰冻圈所在的高大山系形成了特殊的降水空间分布。而高山冰冻圈地区由于得到了较多的降水量补给，增加了冰冻圈储量，因而又加强了其冷岛效应，从而形成良性循环，有效地涵养了水源。

　　综上所述，在中纬度高山冰冻圈地区，由于下垫面的温度和湿度场与周围环境的差异，形成了冷岛和高湿中心。其结果是造成水平湍流加强，并加剧了内部场的湍流，局地对流加强，形成多降水过程，增加了降水量，使高山区成为湿岛。当过境气流通过时，高山区形成阻岛，气流活动加强，产生降水天气。这种作用使高山带成为降水高值区，山地越高，冰雪和多年冻土面积越大，对于气流的影响越强烈。因此，海拔越高、冰雪冻土带面积分布越广的山区降水量越大；距水汽来源越近，冰冻圈的冷湿岛效应也越明显。这种结果也造成了青藏高原外围区冰川分布广、降水量大，内部降水少的格局（沈永平和梁红，2004）。

6.1.2　冰冻圈冷湿岛效应的观测事实

鉴于对冰冻圈水源涵养作用的认识较为薄弱，目前还缺乏相应的研究和定量描述方法，相应的观测实验与模型研究还难以开展，本节从山地最大降水高度分布、冰川内外温湿场对比以及山地云量分布等方面，侧面阐述冰冻圈的冷湿岛效应。

1. 山地最大降水高度

在山地的迎风坡，水汽被迫抬升形成降水，降水量随海拔升高而增加；只要山脉足够高，随着空中水汽的减少，降水量在到达一定峰值以后会减少，这个峰值对应的海拔就叫作最大降水高度。经典的气象学理论和模型模拟结果，以及降水量-海拔关系初步研究结果均表明，中纬度山区的最大降水高度应该出现在山脚或者山腰。在全球绝大多数中低山区，相关结论是适合的。相关研究结果表明，我国海拔低于 2600m 的山脉降水量随海拔升高而增加，并至山顶降水量达到最大，海拔较高的山脉在山腰存在，如我国黄山最大降水高度在海拔 1400m 左右，秦岭最大降水量高度在 2000～2500m。

由于冰冻圈的冷湿岛效应，在中国西部冰冻圈所在的高大山系，有关最大降水高度的气象学理论和模型并不适用，如基于模型和有限观测资料，天山北坡的最大降水高度约为 2100m（张家宝和邓子风，1987）或 2500m（傅抱璞，1983）；祁连山北坡的最大高度约在海拔 2800m（汤懋苍，1985）或 3000m 的山腰（丁良福和康兴成，1985）。但 20 世纪 50～70 年代在珠穆朗玛峰北坡、天山北坡、喀喇昆仑山北坡、高加索山脉，以及帕米尔高原等地区的冰雪调查及降水-海拔关系的研究结果表明，这些高大山地的最大降水高度应该位于高山冰川区附近，最直接的证据就是冰川粒雪盆内具有很厚的积雪。之后开展的一些针对最大降水高度的分布问题的观测与研究结果均表明，中国西部高大山地的最大降水高度，要么分布在冰川区附近，要么降水量随海拔升高而增大，即不存在最大降水高度，如在天山乌鲁木齐河源，1987 年的梯度观测结果表明存在两个最大降水高度，一个位于约 1800m 的山脚（年降水量 583.2mm），另一个位于乌鲁木齐河源 1 号冰川粒雪盆内（海拔约 4030m，年降水量 650.2mm；Yang et al.，1991）。祁连山北坡七一冰川 2007 年 8 月 10 日至 2008 年 9 月 12 日的观测结果表明，在七一冰川 4500～4700m 附近，存在一个明显的最大降水高度（王宁练等，2009）。最近，来自祁连山黑河上游张掖—葫芦沟剖面的 2014～2016 年的观测结果表明，祁连山北坡中段降水最大高度约在海拔 4200m 的十一冰川末端（图 6.3；Chen et al.，2018a）。该结果基于在祁连山黑河上游葫芦沟小流域（约 20km²）海拔范围 2980～4484m 内布设的 6 套称重式雨雪量计，以及张掖气象站的观测数据（位于同一个横剖面上），尽管监测密度和海拔范围较大，但由于高大山地降水分布的时空复杂性，观测结果尚不能很好地阐述山区降水量的海拔梯度分布规律，如在祁连山疏勒河流域的监测结果表明，在雨量筒数量较少的情况下，疏勒河山区流域约在海拔 3400m 出现一个最大降水高度[图 6.4（a）]，但在加密观测情况下，降水量则随海拔升高而增大[图 6.4（b）]，即不存在最大降水高度。但由于图 6.4（a）、（b）中数据观测年份不同（年降水量也有较大差异），也可能是年际差异引起的降水量空间分布的差异。

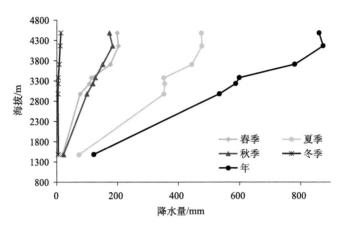

图 6.3　祁连山张掖—葫芦沟剖面 2014～2016 年的降水量-海拔关系（Chen et al., 2018a）

综上所述，在冰冻圈覆盖的高大山系，其最大降水高度一般分布在高山冰雪冻土带的冰川附近，如天山北坡乌鲁木齐河源 1 号冰川、祁连山七一冰川的相关研究结果，以及珠穆朗玛峰北坡、天山北坡、喀喇昆仑山北坡、高加索山脉、帕米尔高原等地区冰雪的调查结果等。祁连山北坡张掖-葫芦沟剖面发现的约 4200m 最大降水高度，也是在十一冰川末端，同时该高度也是祁连山疏勒南山阴坡冰川末端的平均高度。

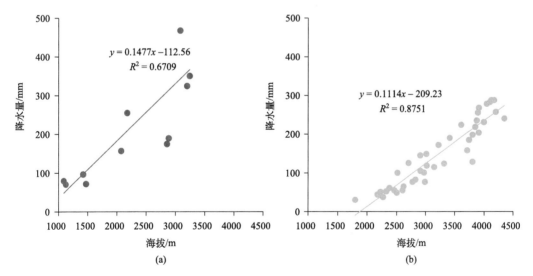

图 6.4　祁连山疏勒河流域夏季降水量-海拔关系加密观测前（a）后（b）对比

图（a）和（b）观测年份不同

需要注意的是，目前并不能简单地认为最大降水高度的形成主要是由于冰川造成的。之所以发现最大降水高度主要分布在冰川区，主要是由于在高海拔山区缺乏降水量常规业务观测，而目前有限的高山区降水监测数据则主要来源于有关冰川的研究。从理论上讲，首先是足够高的山系（低温环境和拦蓄水汽）促成了冰冻圈的形成，山地冰冻圈的存在又进一步促成了山地最大降水高度的形成，其中山地冰川的分布位置及其周边的地形特点可能起到了画龙点睛的作用，而大型冰川的作用更为明显。当然，山系分布与环流关系、山地地形等也有一定的作用，还需下一步深入研究与探讨。

2. 冰川内外温湿场差异

有限的冰川内外气温和相对湿度对比结果表明，冰川表面的气温明显偏低，相对湿度较大，说明冰川区具有冷湿的小气候环境。图6.5为天山科其喀尔冰川2007年11月至2008年6月冰川内外月平均气温和相对湿度的对比结果。两个观测点的海拔差为65m，而观测期间冰川内比冰川外平均气温低1.2℃，远大于正常的气温递减率；相对湿度冰川内高1.7%。需要说明的是，两个观测点距离很近，冰川外观测点仍然位于冰川覆盖范围内的基岩上；这又可间接说明，冰川存在明显的冷湿岛效应。来自祁连山七一冰川内外两个邻近地点的观测结果也类似（王宁练等，2009）。在冰川内外距离较远的地点，气温差异应该更大（沈永平和梁红，2004）。

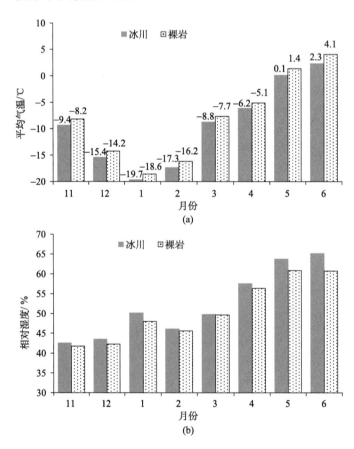

图6.5 天山科其喀尔冰川内外月平均气温（a）和相对湿度（b）对比（Chen et al., 2018a）

夏季6~8月，大面积强烈的冰雪消融作用能引起冰川近地层空气的冷却并形成逆温层。俄罗斯山地冰川系统内的冰川冷却作用可使厚70~100m的近地面空气层的气温平均下降 1~2℃，并随冰川密集程度和覆盖面积的增大而变动于 2~3℃和 3~4℃之间。这种近地面空气层的冷却作用所造成的同高度冰川与冰碛上气温的差异可以用温跃值（δ_T）来表示，其值可由两区平均气温差求取。低层空气的冷却作用除决定于消融逆温层的厚薄和持续时间外，周期出现的天气过程和冰川区冷暖空气的水平流动也有一定影响。这表现在温跃值既有昼夜差别又有随冰面气温升高而缓慢增大的变化规律。统计七一冰川上不同昼夜时段和不同气温区间的温跃值表明：6 月、7 月的平均温跃值昼间大于夜间（分别为 0.97℃和 0.56℃，1.33℃和 0.78℃），8 月则出现相反状况（相应温跃值分别为 0.76℃和 1.12℃），这可能是裸露冰面消融强烈逆温层增厚，以及低层大气逆辐射增强的原因所致（白重瑗，1989）。

由于逆温层随气温上升而增厚并导致持续时间增长和空气水平流动加剧，因此随着冰面气温上升，温跃值也随之呈线性缓慢增加。由于一定冰川作用规模的冰川与一定能量交换过程影响下的消融冷却作用是密切相关的，因此就平均状况而言，温跃值受气温和水平流动影响居次要地位，而表征冰川作用规模特征参量 L_{max}（冰川最大长度，指冰川最长的轴线距离）却与温跃值具有良好的相关关系。汇总中国 12 条冰川上的实测资料得知：无论在任何冰川气候区内，δ_T 随 L_{max} 的变化均遵循对数规律，其回归经验方程是（白重瑗，1989）：

$$\log \delta_T = 0.4208 \log L_{max} - 0.118, \ r = 0.9452 \tag{6.1}$$

3. 山地云层分布

理论上讲，山地冰川拦蓄的内外循环的水汽，在冰冻圈冷湿岛效应的影响下，应该较易形成与山系较为一致的分布特征。图 6.6 为祁连山和天山云层空间分布的示例照片，可以发现云层与山系分布较为一致，并与冰雪分布有一定的一致性（图 6.6）。这可以从侧面证明山地冰冻圈的冷湿岛效应。

(a) 祁连山：青海省门源县青石嘴镇

(b) 天山：新疆塔什库尔干塔吉克自治县

图 6.6　祁连山和天山地区沿山系分布的云层示例

（祁连山：2015 年 7 月，照片来自网络：http://www.lis99.com/topics/khmB7B0zlJ_d.html；天山：2017 年 9 月 13 日，拍摄者：刘俊峰）

从卫星云图上可以看到，在高空的青藏高原上，夏季常形成一个个对流云泡，它们以山地为中心，在冰川区的山地形成一个个湿岛（叶笃正和高由禧，1979）。这说明，冰川在山地湿岛的形成方面具有举足轻重的作用。

6.2　流域径流补给作用

冰冻圈特别是山地冰冻圈地区不仅是降水量的高值区，而且储存了大量的固态水体，并在冷季积累、暖季消融，从而发育了大量的河流。以中国高亚洲冰冻圈地区为例（青藏高原、天山、阿尔泰山等地区），该区发育了长江、黄河、印度河、恒河、塔里木河、叶尼塞河、伊犁河等众多的大江、大河，此外还是中国半干旱区的主要地表水量来源以及干旱区的水塔。因此，冰冻圈的流域水源作用巨大。本节主要介绍冰冻圈水储量及其对流域径流的补给作用。

6.2.1　冰冻圈水储量

1. 全球陆地冰冻圈水储量

陆地表面水中的 89% 是以固态冰川的水体形式分布在南极大陆，其余六大洲地表水的总量，仅占全球地表水的 11%，而这 11% 中有 10.16% 还是冰川水体。因此除南极洲以外，陆地表面总水量中，冰川占 92.84%，湖泊占 6.65%，河道蓄水约占 0.08%。

全球陆地表面（南极冰盖和格陵兰冰盖除外）有大量冰川分布，面积约 $7.26×10^8 km^2$，冰川水储量为 $14.94×10^4 km^3$（表 6.1）。全球积雪范围最大可达 $47×10^6 km^2$（1966～2014 年 NOAA 积雪遥感资料），约占全球陆地面积的 31.5%，其中 98% 分布在北半球（图 6.7）。北半球 8 月陆地积雪范围约为 $1.9×10^6 km^2$，1 月可达 $45.2×10^6 km^2$，接近北半球陆地面积的一半；积雪年最大水当量约为 3×10^{15}kg（Foster and Chang, 1993），与北半球最大积雪面积相比，相当于 65mm 雪水当量。在南半球，除南极洲之外很少有大面积的陆地被积雪覆盖。

表 6.1　世界冰川区域分布（根据 IPCC AR5, 2013 计算）

地区	冰川条数	面积/10^3 km^2	占区域面积比例/%	冰川水资源*/10^4 km^3
北极岛屿	4035	98655.7	13.5	2.563
阿拉斯加	23112	89267	12.3	1.983
美国和加拿大	25733	159094.4	21.9	3.857
欧洲	5259	3183.7	0.5	0.018
亚洲	71431	123587.8	17.0	1.095
南半球	21607	33076.4	5.3	0.518
格陵兰	13880	87125.9	12.0	1.41
南极区域	3274	132267.4	18.2	3.491
总计	168331	726258.3		14.94

*海洋面积按照 362.5×10^6 km^2 计算。

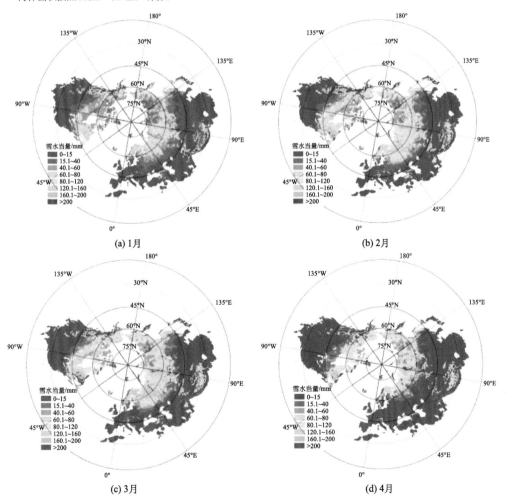

(a) 1月　　(b) 2月

(c) 3月　　(d) 4月

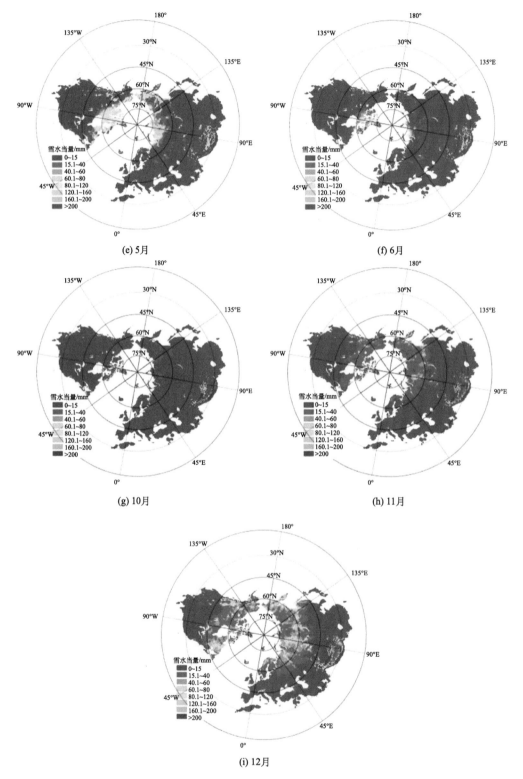

图 6.7　北半球逐月雪水当量（SWE）分布

利用加拿大国家气象中心 1999～2013 年 SWE 数据

多年冻土中含有大量地下冰，按成因可分为构造冰、洞脉冰和埋藏冰。在多年冻土的发育时期，不同来源的水在土壤中成为冻结的地下冰，对区域水资源而言是重要的"汇"。在多年冻土的稳定时期，冻土中的地下冰起到存储功能。在多年冻土的退化时期，地下冰发生融化，释放水分，从而起到"源"的作用。地下冰的存在极大地影响了区域水资源的分布和调控，以及区域的水文过程。根据国际冻土协会 1998 年发布的北半球多年冻土分布图，富冰冻土（地下冰含量超过 20%）主要位于高纬度地区，约占北半球陆地裸露表面的 2.02%和北半球多年冻土面积的 8.57%。少冰冻土（地下冰含量不超过 10%）主要位于山区和高海拔地区，约占北半球陆地表面的 15.8%和北半球多年冻土面积的 66.5%。该结果是假设厚沉积覆盖物的沉积物厚度为 10m，薄沉积覆盖物的沉积物厚度为 5m。显然，这明显低估了环北极地区沉积物的厚度。Zhang 等（2008）设定厚沉积覆盖物的沉积物厚度为 20m，薄沉积覆盖物的沉积物厚度为 10m。相应的厚沉积覆盖物的高含量地下冰区域的含冰量为 20%～30%；薄沉积覆盖物的高含量地下冰区域的含冰量为 10%～20%；在剔除冰川、冰盖、海底多年冻土和湖底多年冻土之后，利用数字化的环北冰洋冻土和地下冰分布图、1km 分辨率的全球土地覆盖特征数据集和全球陆地 1km 高程等数据集，计算的北半球地下冰总量为 $11.37 \times 10^6 \sim 36.55 \times 10^6 km^3$，相当于 2.7～8.8cm 海平面变化的水当量（表 6.2）。

表 6.2　使用覆盖物厚度和含量假说计算得到北半球裸露地表各多年冻土类型的含冰量

多年冻土含冰量	厚沉积物覆盖（20m）						薄沉积物覆盖（10m）				合计 $/10^6 km^3$	
	20%～30%		10%～20%		0%～10%		10%～20%		0%～10%			
	高	低	高	低	高	低	高	低	高	低	高	低
连续（>90%）	9.00	0.54	5.24	2.36	0.76	0.00	4.32	1.94	5.70	0.00	25.02	9.70
不连续（50%～90%）	0.43	0.24	3.14	0.88	0.68	0.00	1.35	0.38	2.12	0.00	7.72	1.50
岛状（10%～50%）	0.33	0.07	0.62	0.06	0.58	0.00	0.32	0.04	1.34	0.00	3.19	0.17
零星（0～10%）	0.20	0.00	0.02	0.00	0.12	0.00	0.00	0.00	0.28	0.00	0.62	0.00
合计$/10^6 km^3$	9.96	5.71	9.02	3.30	2.14	0.00	5.99	2.36	9.44	0.00	36.55	11.37

资源来源：Zhang 等（2008）。

　　在上述的计算方法中，由于对高含量地下冰的含冰量估计偏低，而且只计算了 20m 厚度的多年冻土层的地下冰含量，所以计算结果是明显偏低的，尚需进一步研究。

2. 中国冰冻圈水储量

　　基于第二次中国冰川编目数据，中国现有冰川 48571 条，总面积 51766.08km²，约占世界冰川（除南极和格陵兰冰盖以外）面积的 7.1%，冰储量 4494.00±175.93km³（刘时银等，2015）。

　　中国积雪主要集中在新疆、青藏高原及东北地区。利用扫描式多通道微波辐射计（scanning multichannel microwave radiometer，SMMR）和微波辐射计特别传感器（special sensor microwave/imager，SSM/I）资料，获取的新疆及内蒙古西部最大雪水当量约为 $17.8×10^9m^3$，青藏高原为 $41.9×10^9m^3$，东北地区则为 $36.2×10^9m^3$。这三大积雪区年最大积雪水当量约为 $95.9×10^9m^3$，约为长江多年平均径流量的 10%（Li et al.，2008）。

中国多年冻土地下冰主要分布在青藏高原、天山和东北地区。鉴于缺乏实测和调查资料，本节仅介绍青藏高原的地下冰储量。基于青藏公路/铁路多年冻土区的 697 个钻孔及 9261 个土壤样品资料，在充分考虑不同地区、不同深度地下冰含量的基础上，估算的地下冰总储量为 $9528km^3$（赵林等，2010）。

6.2.2　中国冰冻圈径流补给

1. 冰川融水量及其流域径流比重

冰川作为中国淡水资源的重要组成部分，在中国特别是西北干旱区水资源的开发利用中占有很重要的位置。据初步估算，中国 1962～2006 年均冰川融水径流量为 $629.56×10^8m^3$（高鑫等，2010；Zhang et al.，2012），约为全国河川径流量的 2.2%，多于黄河多年平均入海径流量，相当于我国西部甘肃、青海、新疆和西藏四省区河川径流量（$5760×10^8m^3$）的 10.5%。我国不同山系、流域冰川融水量见表 6.3 和表 6.4。

从各山系冰川融水径流水资源的数量来看，念青唐古拉山区最多，约占全国冰川融水径流总量的 35.3%；其次是天山和喜马拉雅山，分别占 15.9% 和 12.7%；阿尔泰山最小，不足 1%（表 6.3）。

表 6.3　中国西部山区冰川及冰川融水径流（据康尔泗等，2000）

山　脉	冰川面积/ km^2	冰川融水径流量/ 10^8m^3	占全国冰川融水径流量 /%
祁连山	1930.51	11.32	1.9
阿尔泰山*	296.75	3.86	0.6
天山	9224.80	96.30	15.9
帕米尔	2696.11	15.35	2.5
喀喇昆仑山	6262.21	38.47	6.4
昆仑山	12267.19	61.87	10.2
喜马拉雅山	8417.65	76.60	12.7
羌塘高原	1802.12	9.29	1.5
冈底斯山	1759.52	9.41	1.6
念青唐古拉山	10700.43	213.27	35.3
横断山	1579.49	49.94	8.3
唐古拉山	2213.40	17.59	2.9
阿尔金山	275.00	1.39	0.2
总　计	59425.18	604.65	100.0

*包括穆斯套岭面积为 $16.84km^2$ 的冰川。

表 6.4　中国西部冰川水资源　　　　　　　（单位：$10^8 m^3$）

流域水系	不同年代和不同算法的结果			
	杨针娘（1991）	康尔泗等（2000）	谢自楚等（2006）	高鑫等（2010）
塔里木盆地	139.51	133.42	126.54	144.16
青藏高原内流区	37.30	39.10	29.18	41.70
新疆伊犁河	26.41	26.41	37.14	23.37
天山准噶尔盆地	16.89	16.89	33.65	19.52
甘肃河西内陆河	9.99	9.99	11.94	10.18
柴达木盆地	5.96	6.31	13.51	9.65
吐–哈盆地	1.01	1.90	3.60	2.53
哈拉湖	0.35	0.12	0.11	0.13
内陆河合计	237.42	234.14	255.67	251.22
印度河	8.56	7.70	6.95	8.48
恒河	239.91	280.48	299.53	312.85
怒江	31.83	35.98	24.26	27.05
澜沧江	5.83	7.16	4.43	4.25
黄河	3.94	2.86	1.74	1.86
长江	33.25	32.71	15.52	20.45
额尔齐斯河	3.62	3.62	7.73	3.38
外流河合计	326.94	370.51	360.16	378.34
总计	564.36	604.65	615.83	629.56

　　从行政区划看，中国冰川融水径流主要分布在西藏、新疆、青海、甘肃、四川和云南六省（区）。西藏冰川融水径流主要集中在恒河水系，全区冰川融水补给比例为 10.8%。虽然雅鲁藏布江水系集中了全区 72.7% 的冰川融水，但融水比例只有 14.3%；而冰川融水量不足全区 10% 的朋曲河与狮泉河、象泉河，融水补给比例则达 50% 左右。西藏东南部的怒江、澜沧江等，降水丰沛，地表水资源丰富，融水比例不足 10%。说明干旱度越大，冰川融水补给比例越大。新疆冰川融水径流主要分布在塔里木内流区、准噶尔盆地、伊犁河、柴达木盆地与藏北内陆的少量水系，以及新疆唯一的外流河水系——额尔齐斯河。其中约 90% 以上的冰川融水集中于塔里木盆地与伊犁河水系。全区冰川融水平均补给比例为 25.2%，但是区域分布不均匀，总的趋势是由北向南递增。青海省冰川融水径流主要形成于柴达木内流水系与长江源，融水径流总量约为 $29.2 \times 10^8 m^3$，外流水系占76.2%，内流水系占 23.8%，平均融水补给比例为 4.7%。甘肃省冰川融水径流主要来源于祁连山北坡，包括石羊河、黑河、疏勒河和党河。冰川融水补给比例自东向西递增。分布于云南与四川的冰川基本属于海洋性冰川，冰川面积较小，区域降水较为丰沛，融水补给比例因而较小。

　　从流域尺度看，冰川融水径流及其对流域径流的贡献，受控于流域冰川条数、大小、形状、面积比例和储量等因素。基于高鑫等（2010）的计算结果，冰川融水比例高的流域主要发源于冰川发育好，且气候干旱的天山和昆仑山山区，冰川补给率高达

50%以上；河西的疏勒河冰川补给率也高达 30%以上；发源于青藏高原的几条大河的源区，由于降水相对充沛，冰川径流补给率相对较低，约 10%。流域冰川融水径流比例总的分布趋势是由青藏高原外围向高原内部随着干旱度的增强与冰川面积的增大而递增。

伴随着气温升高、冰川加速消融及面积萎缩，中国各大水系冰川融水资源量也发生了较大的变化（表 4.1）。总体来讲，冰川融水呈现明显的增加趋势，特别是 20 世纪 90 年代以来。随着全球变暖、冰川萎缩，目前冰川融水总体仍然呈现增加趋势，但少数冰川的融水量已经出现减少趋势，未来冰川融水必然呈现先增后减的变化趋势，冰川融水峰值拐点的出现时间与冰川类型、规模、形状，以及冰川的地理位置等有关，具体参见 4.3 节。

2. 流域积雪融水

中国新疆、东北及青藏高原三大积雪区年最大积雪水当量约为 $95.9 \times 10^9 \mathrm{m}^3$，约为长江多年均径流量的 10%，积雪融水补给型流域，也主要分布在这三大积雪区；但在不同流域，融雪径流比例具有较大的差异。对于积雪融水补给类河流，季节径流补给作用突出，并且因流域差异，其径流补给作用又存在不同的特点。胡汝骥（2013）根据融雪径流的特点和河流动态，将中国北方以积雪融水补给为主的河流分为阿尔泰山型、塔城类型、黑松类型和长白山型（表 6.5）。在积雪覆盖广的中国东北及阿尔泰山地区，河流主要受积雪融水的补给。这些区域积雪消融基本上集中在 3~6 月，进而导致年内最大河流径流也在 4~6 月出现。在青藏高原周边及天山山区，由于积雪和冰川的发育均较为普遍，流域径流受积雪融水、冰川融水和降水共同补给源，所以这些地区会在春季、夏季出现不同洪峰。在春季由于积雪消融补给，出现小洪峰，而冰川融水及降水在夏季的大量补给又会导致河流年内的最大径流在 7~8 月出现。虽然不同流域融雪径流特征不同，但积雪消融在一定程度上能有效缓解春季水资源短缺，是流域农业、生态春季水资源需求的有效保障。

表 6.5　我国北方以积雪融水补给为主的河流分类（胡汝骥，2013）

积雪融水径流分类	主要特点	典型分布区
阿尔泰山型	春水大于秋水，汛期开始于 5 月，最大月水量一般出现在 6 月，而 5~7 月的径流量约占到年径流量的 65%	额尔齐斯河、乌伦古河
塔城类型	春汛约占年径流量的 40%，积雪融化较阿尔泰山提前一个月左右，最大 3 个月水量发生在 4~6 月，其水量约占年净流量的 60%	额敏河、布克河
黑松类型	春汛一半始于 4 月中旬，终于 5 月下旬，接着出现一个"马鞍形"低水，延续时间较长，在 7 月上旬出现夏汛，该型的融雪径流表现出典型双峰、多峰型径流过程	嫩江、松花江和黑龙江大部分支流
长白山型	径流量从 3 月下旬逐渐增加，终于 6 月上旬，积雪融水补给仅占 15%左右，有短暂的春、夏汛间的低水，较高的冬季枯水，春季水量大于秋季水量	第二松花江、绥芬河、鸭绿江及图们江的部分支流

不同地区流域的融雪径流比例具有较大的差异。在祁连山区的黑河干流山区流域，1960～2011 年的降雪和积雪融水的径流比例为 20%～25%[图 6.8（a）]。积雪消融主要集中在 3～6 月，9～10 月也有少量积雪消融。祁连山疏勒河流域融雪径流量占总径流量的 25%左右[图 6.8（b）]，近 50 年以来，融雪径流量略有增加。融雪径流主要发生在 3～6 月，其中 5～6 月融雪径流比例较大（陈仁升等，2018）。

长江源融雪径流比例在 20%左右，近 50 年以来变化不大[图 6.8（c）]。融雪径流主要发生在 4～9 月，其中 5～7 月融雪径流比例较大。黄河源融雪径流比例约为 15%[图 6.8（d）]，近 50 年以来基本无变化。融雪径流主要发生在 3～6 月，其中 5～6 月融雪径流比例较大。

在北疆积雪较多的地区，积雪融水径流比例更大，如克兰河，70%以上的径流量来自于积雪消融。

3. 冰冻圈的流域径流贡献

冰冻圈流域主要包括高山寒漠、高寒草甸、灌丛、沼泽、草原和森林等典型土地覆盖类型，在冷季或高山区覆盖有积雪，在部分流域还有冰川分布，多年和季节冻土广布于这些流域；冰雪融水和降雨经由各种土地覆盖类型进入冻土表面和内部，发生了产流、入渗、蒸散发和汇流等过程。在中国西部冰冻圈流域，以高寒草原、草甸、高山寒漠和高寒荒漠为主，高寒灌丛和针叶林也占一定的比例（图 6.9）。而在中国西北内陆河山区流域，则形成了典型的垂直植被带谱（图 6.10）。在区域和局地气候背景下，这些典型土地覆盖类型具有各自独特的水量平衡特征。因此，在冰冻圈流域尺度上，不仅需要了解冰川和积雪融水的径流补给比例，还需要清楚这些与冻土关系密切的土地覆盖类型的水量平衡特征及其在流域水文过程中的作用。

在不同地区的冰冻圈流域，冰、雪融水比例具有一定的差异，如在祁连山黑河干流山区流域，其冰川融水比例仅为 3.5%，但积雪融水比例则为 20%左右，而多年冻土带下限以上地区的总径流贡献率则约为 75%，其中多年冻土覆盖的高山寒漠带的径流贡献率最大；而从整个黑河水系看，其冰川融水比例接近 10%，多年冻土下限以上地区的径流贡献比例则达到 80%。在积雪融水比例相近的（25%）的祁连山疏勒河流域，因其冰川融水比例在 20%以上，多年冻土下限以上地区的径流贡献比例则高达 90%。在冰雪融水比例较高的阿克苏河、克兰河等流域，仅冰雪融水径流比例就达 70%以上，流域径流量 90%以上来自多年冻土下限以上地区。

由于中国西部冰冻圈流域气象、水文和冰冻圈的监测资料极为稀缺，导致流域尺度水文过程模拟结果的不确定性较大，所以本节以基础资料和研究结果最为丰富的祁连山黑河干流山区流域为例，来说明冰冻圈对流域径流的补给情况，以及典型土地覆盖类型对流域径流的贡献情况。

祁连山黑河干流山区流域冰川面积比例仅为 0.6%，平均冰川融水比例仅为 3.5%，降雪和积雪融水比例为 20%～25%。但流域 3700m 以上基本为多年冻土/岩覆盖，在土地覆盖类型上属于高山寒漠带和部分陡坡地区的高寒草甸区。多尺度观测与模拟研究结果表明，高山寒漠带是除冰川以外产流能力最高的地区（图 6.11；Chen et al., 2018b），尤

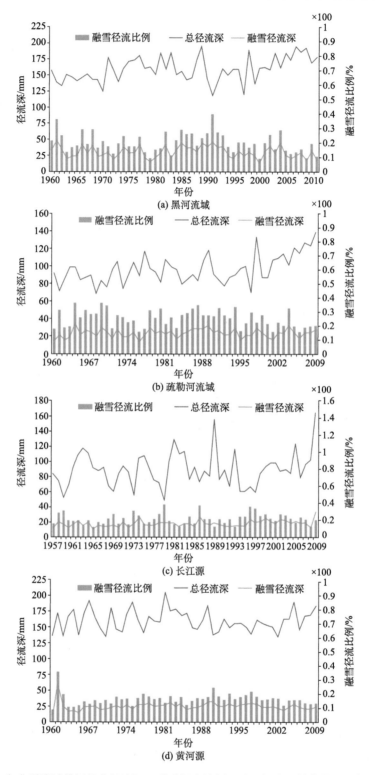

图 6.8 近 50 年典型流域模拟的总径流深、融雪径流比例及融雪径流深的变化（陈仁升等，2018）

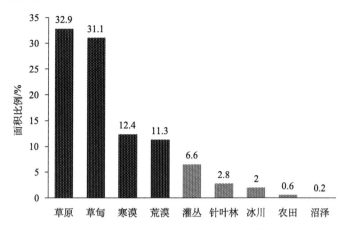

图 6.9 中国西部冰冻圈典型下垫面类型及其面积比例

图 6.10 内陆河山地典型垂直植被带谱（祁连山黑河上游）

其是在冰川覆盖率较小、高山寒漠分布广泛的山区流域，高山寒漠带是流域的最主要产流区（包含了绝大多数积雪融水），其水文作用突出，如黑河流域。平缓高寒草甸和草原在中国冰冻圈流域中的面积比例较大，但其降水量主要消耗于蒸散发过程，对流域径流的贡献较小，其在形成区域小气候环境和形成水汽内循环方面，具有重要的作用。森林和灌丛蒸散发量较大，特别是森林的平均蒸散发量大于年降水量，产流作用不显著。森林赖以生存的部分水量，来自于森林上部山坡的补给。森林区径流则主要来自于长历时和（或）高雨强降水过程，森林前期土壤含水量也是一个重要因素。但森林与高寒草地相同，在形成区域湿润小气候和流域水循环方面，具有重要的水源涵养作用。

由图 6.11 可知，在黑河干流山区流域，多年冻土下限以上的冰冻圈地区贡献了流域约 3/4 的径流量。也就是说，在这种内陆河山区流域，除了冰川和积雪作为直接水源以外，作为核心冰冻圈要素之一的多年冻土下限以上地区，也是流域的主要产流区，这充分说明了冰冻圈巨大的流域径流贡献量。

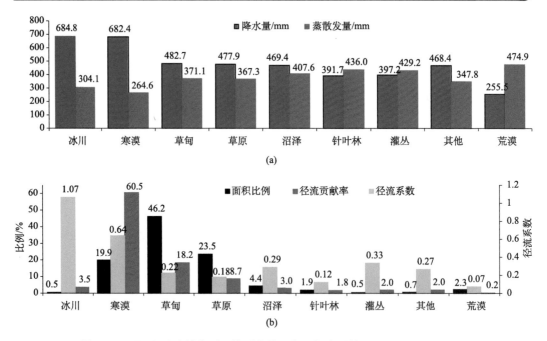

图 6.11　黑河山区流域典型下垫面水量平衡及径流贡献（Chen et al., 2018b）

6.3　流域水资源调节作用

冰冻圈既是重要的水源，对河流具有重要的径流补给作用，同时还对流域水资源具有重要的多年和季节调节作用。一般来讲，冰川具有多年、季节径流调节作用；冻融过程主要改变流域的年内产汇流过程，同时地下冰变化又可长期影响流域的径流量和水资源；积雪主要影响流域径流的年内分配。冰冻圈的流域径流和水资源的调节作用，在极端水文年份，特别是对干旱区流域枯水年份和月份的径流稳定具有重要的意义。在干旱内陆河流域，流域地表水基本来自于冰冻圈所在的高大山系，正是冰冻圈的径流调节作用，才使得干旱区绿洲具有稳定的水资源补给，维持了绿洲的稳定与发展。

6.3.1　冰川的多年和季节调节作用

冰川的多年和季节径流调节作用的主要体现为固态水库。一方面，冰川作为冷湿岛，是流域降水的高值区。因此，冰川每年能够接收大量的降水补给，并储存在固态水库中。同时，在降水期间，云层对太阳辐射特别是直接辐射的遮挡、反射和吸收，使得冰川区气温降低，这在一定程度上减缓了消融过程。在丰水年份，降水过程较多，冰川区气温相对较低，从而使冰川消融减少；同时较多的降水，意味着较多的冰川积累；这在一定程度上减小了冰川融水量。相反，在枯水月份和年份，降水较少，晴朗天气较多，冰川区气温较高，冰川消融增多，积累减少；冰川在丰水年份积累的水量将在枯水月份/年份释放出来，同时较高的气温使冰川消融量增大，从而使枯水月份/年份的冰川融水量较多、融水比例较大；同时伴随着冰川运动，积累区水量不断向消融区运移，从而使冰川得以长期存在。另一方面，在一些大型大陆性冰川或者海洋冰川内，冰内和冰下通道发达，并在冰内发育了较多的储水构造，储存了较多的降雨和冰雪融水，并可能在消融剧烈的枯水年份或者月份以洪水的形式释放出来。这是另一种形式的径流调节作用。图 6.12 为天山科其喀尔冰川消融量与径流量的年内变化过程，该冰川面积约 80km^2，冰内通道发育。由图 6.12 可以看出，冰川融水径流过程滞后冰川消融过程约 2 个月，冰内汇流构造能够将夏季消融水量存储到 10～11 月再释放出来。

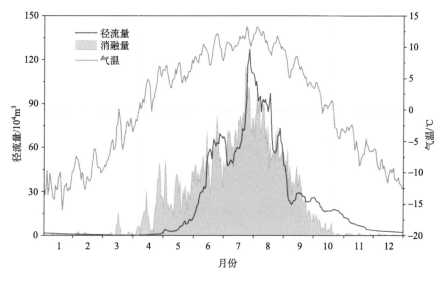

图 6.12　天山科其喀尔冰川日平均消融量与末端径流量对比（Han et al., 2015）

冰川对流域径流的调节和稳定作用也受控于流域冰川分布状况。相关研究表明，若流域冰川覆盖率>5%，则冰川稳定径流的作用比较明显。在冰川补给较丰富的河流（冰川补给率大于30%），其年径流变差系数与年降水变差系数之比小于0.5，在无冰川补给的河流，上述比值大于1.0（图6.13）。这说明冰川融水补给量较大的河流受旱涝威胁相对要小，冰川具有明显的多年径流调节作用。即使在冰川融水比例较小的流域，冰川对流域径流的调节作用也不容忽视。以祁连山黑河干流山区流域为例，气候越暖干的年份，流域冰川融水径流量越多，融水比例也越大。该流域多年均冰川融水比例仅为3.5%，但在干旱年份却接近5.0%（图6.14），在干旱月份则高达16%。这说明，冰川既具有年内又具有多年径流调节作用。

近几十年来，受全球变暖影响，冰川普遍萎缩，降低了冰川的年内和多年径流调节作用。例如，冰川持续萎缩的阿克苏河流域，径流的年径流变差系数随着冰川萎缩而增加，冰川面积在 2000 年和 2007 年相对 1990 年分别减少了 8.9%和 13.2%，年径流变差系数则分别增加了 2.4%（约 0.004）和 3.2%（0.005）（Zhao et al., 2015）。

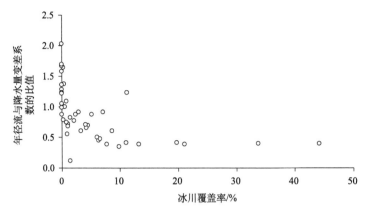

图 6.13　中国不同流域冰川覆盖率与年径流和降水量变差系数之比的关系（丁永建等，2017）

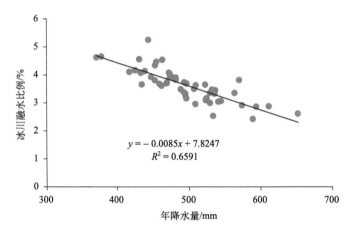

图 6.14　黑河流域年降水量与冰川融水比例的关系

6.3.2　积雪的季节调节作用

积雪主要影响流域的年内季节分配。积雪具有内部调蓄作用，能暂时蓄积一定数量的水，融雪水漫流汇集因受积雪阻滞影响速度较缓慢。因此，融雪径流过程线比降水径流过程线缓和，从而改变流域的降水-径流过程，进而达到调节径流的目的。此外，在流域的高山区，夏季降雪过程较多，短期积雪也会影响流域的产汇流过程。

积雪融水能有效补充流域春季枯水径流，使春季径流出现峰值。在降水集中于 6～9 月的流域，春季积雪消融引起的春汛，加上夏季降水-冰川融水峰值，会使流域径流在年内出现双峰或多峰。图 6.15 和图 6.16 为祁连山冰沟小流域和阿尔泰山卡依尔特斯河流域不同年份的径流过程。冰沟小流域积雪融水比例较小，其积雪消融开始于 3 月底，直到 5 月底流域内的积雪已基本消融殆尽，积雪融水对河流的贡献主要发生在 4～5 月，且此时是祁连山区的旱季，降水相对稀少，期间主要由积雪融水补给，能量输入的年循环相对稳定，故丰水年 2008 年和枯水年 2009 年 4～5 月的水文过程线基本完全重合，说明流域积雪融水量基本稳定；而 6～10 月的水文过程线存在极大差异。但在以积雪融水补给为主的河流，如阿尔泰山的卡依尔特斯河流域，其积雪融水量及其年内径流比例与祁连山冰沟流域具有较大的差异（图6.16）。阿尔泰山河源区的融雪径流过程开始于 4 月中旬，一直持续到 6 月中下旬。在 4～6 月，卡依尔特斯河流域不同年份间的过程线变化趋势基本

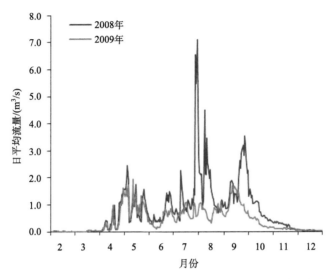

图 6.15　祁连山冰沟小流域丰枯年份 2～12 月逐日径流过程线差异

该流域融雪径流比例较小；2008 年为丰水年、2009 年为枯水年；5 月为流域主要的积雪消融期；积雪融水量在丰、枯年份基本无差异

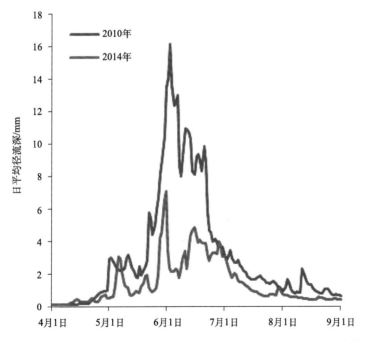

图 6.16　阿尔泰山卡依尔特斯河流域丰枯年份 4～9 月逐日径流过程线差异

该流域以融雪径流补给为主；2010 年积雪融水量远大于 2014 年，因而积雪融水量差异较大

一致，年最大流量过程均出现在 5 月底至 6 月初，但是日均流量的量级存在较大区别，如 2010 年的最大流量出现在 6 月 2 日，最大日均流量为 442.0m³/s，而 2014 年的最大流量出现在 5 月 31 日，最大日均流量仅为 194.0m³/s，不足 2010 年的一半，主要是冬季累计积雪量的差异造成的，2009～2010 年和 2013～2014 年 10 月至次年 3 月的降水量（主要是降雪）分别为 304.7mm 和 137.3mm。因此，在以积雪融水补给为主的河流，其对流域径流的调节作用相对较弱，其径流过程线类似于降水–径流过程，但在保障流域径流产生方面，作用巨大。

根据祁连山黑河上游 1960～2013 年的模拟结果，融雪径流量峰值年份一般对应着流域的平水年[图 6.17（a）]；流域丰水年往往不是融雪径流的峰值；流域径流越大，融雪径流比例越小[图 6.17（b）]，这也说明积雪存在一定的多年径流调节作用。

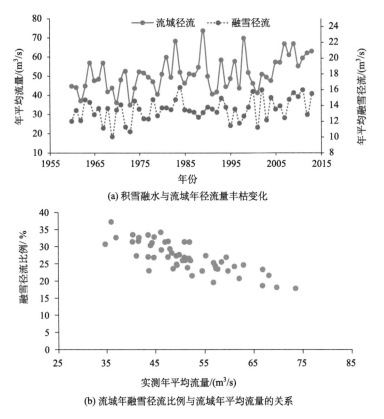

(a) 积雪融水与流域年径流量丰枯变化

(b) 流域年融雪径流比例与流域年平均流量的关系

图 6.17　祁连山黑河干流流域融雪径流与流域径流的关系（Chen et al., 2018b）

6.3.3　冻土的年内和年际调节作用

多年冻土活动层或季节冻土随着气温变化，其厚度会相应发生改变，多年冻土活动层或季节冻土水热条件发生变化，进而影响冻土区水文过程的年内变化。一般情况下，在春季土壤冻结，随着气温逐渐升高，降雨和融雪产流量增大，冻土层的隔水作用较强，下渗率低，径流在春夏之交出现峰值。进入夏季，冻土逐渐融化，多年冻土活动层增厚、季节冻土消融、冻结面下降，地表径流量开始从峰值下降。此后，随着夏季降水量普遍增加，以及冰雪融水等大量补给，径流量又出现峰值。至多年冻土活动层厚度达到最大或者季节冻土完全解冻的时候，下渗强度加大，流域蓄水能力增强，蒸散发量加大，此时的多年冻土活动层或已经消融的季节冻土的土壤能够起到减弱洪峰的径流调节作用。在冬季，多年冻土活动层或季节冻土逐渐冻结，阻断了地下水对径流的补给，加之降雨及融水补给少，导致冬季流域径流量迅速变小。

　　冻土退化不仅影响流域的产汇流过程，而且可引起部分地下冰消融，从而起到对流域径流的年内和年际调节作用。冻土退化，多年冻土活动层变厚或者季节冻土减薄，不仅增加了水分深层入渗，增加了深层壤中流，而且扩大了地下水库容，导致流域基流增加，具体表现在年内冬季径流增加、秋季退水曲线变缓，从而有效调节了流域径流的年内甚至年际分配（图 6.18）。图 6.18 展示了祁连山黑河和疏勒河流域 1985 年前后年内径流过程线的变化（一般认为研究区 1985 年之后温升幅度明显大于 1985 年之前），可以看出，冻土退化已经明显引起了流域枯水径流的增加，退水过程和流域径流年内过程线变

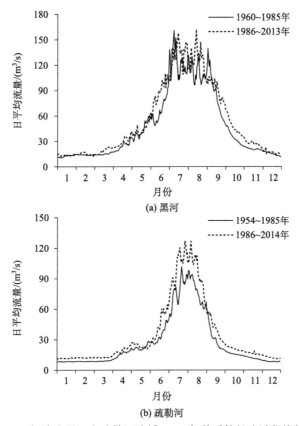

图 6.18　祁连山黑河和疏勒河流域 1985 年前后的径流过程线差异

两个流域枯水径流均增加、退水趋势变缓，反映了冻土退化对流域径流的影响；4～5 月径流变化主要由积雪消融变化引起；
夏季径流变化主要由冰川加速消融引起，两个流域在 1985 年前后降水量差异均较小，其中黑河流域冰川融水比例很小，而
疏勒河流域较大（Chen et al., 2018）

缓。相对于黑河流域，疏勒河流域冰川径流补给率在20%以上，因此其夏季径流量由于冰川的加速消融而明显增加。此外，多年冻土区赋含了大量的地下冰，在气候变暖的背景下，地下冰慢慢消融，缓慢地补充河川径流，起到了径流的多年调节作用。

6.4　流域极端水文事件

冰冻圈的流域水文作用，既有有利的一方面，如水源涵养、径流补给和水资源调节等，又有灾害效应等不利的一方面，如洪水和泥石流等极端水文事件。流域尺度冰冻圈极端水文事件主要包括冰雪消融型洪水、冰湖溃决型洪水和冰川泥石流等。

6.4.1　冰雪消融型洪水

冰雪消融型洪水是指由冰川融水和积雪融水为主要补给来源所形成的洪水，以冰川融水为主要来源的称冰川消融洪水，以积雪融水为主要来源的称积雪消融洪水，以暴雨和冰川、积雪融水混合形成的洪水分别为降雨+积雪消融混合洪水和降雨+冰川消融型混合洪水。四类冰雪洪水的特征、分布，以及对气候变暖的响应如表6.6所示（沈永平等，2013）。单纯由冰川融水补给或单纯由积雪融水补给的河流很少见，一般由冰川融水、积雪融水、雨水等混合补给。冰雪消融洪水是季节性洪水，与气候变化密切相关。每年当气温回升到0℃以上，冰与雪融化成为液态水。太阳辐射越强、冰川面积和前期积雪厚度越大，则融化强度越大。由冰川和积雪融化的水一部分形成地表径流直接补给河流，另一部分通过下渗以浅层地下水的形式补给河流，形成春、夏季洪水。

表6.6　冰雪洪水的基本特征、分布及其对气候变暖的响应（沈永平等，2013）

类型	特征	分布	对气候变暖的响应
积雪消融洪水	主要发生在春季气温升温期，冬季积雪随着春季气温的上升开始消融，到后期大量融水集中从雪层中释放，汇流集中成洪水	中高纬地区和高山地区	洪水提前，洪峰增大，洪水强度和频率增加
冰川消融洪水	在夏季少雨时段，持续的气温上升使得高山雪线和0℃温层上升明显，冰川大部分处于消融状态，融冰水流汇集形成冰川消融洪水	高山地区	雪线上升明显，冰川大部分处于裸冰状态，冰面污化面发育，反照率降低，冰面消融增加，融水增加
降雨+积雪消融混合洪水	春末夏初，当季节积雪大量消融之时，如叠加暴雨，一方面促使积雪加速融化破坏了积雪本身的调蓄作用，另一方面积雪融水与暴雨洪水同时汇入河道，加大了河流流量，形成混合型洪水	高山带、平原带	极端暴雨事件是触发因素
降雨+冰川消融型混合洪水	前期长期干旱、高温，使得冰川全面消融，在一个大范围降水过程的突然到来，产生大暴雨，暴雨产流与冰川融水产流汇合，是最为常见的冰雪洪水类型	中高纬地区和高山地区	气温升高是关键，但极端暴雨事件是触发因素，随着气候变暖，强度增加

冰雪洪水在全球中高纬地区和高山地区广泛分布，俄罗斯高加索、中亚、欧洲阿尔卑斯山、北美西海岸山脉等地最为普遍。在中国，冰川消融洪水主要分布在天山中段北坡的玛纳斯河流域地区，天山西段南坡的木扎尔特河、台兰河，西昆仑山喀拉喀什河，喀喇昆仑山叶尔羌河，祁连山西部的昌马河、党河，以及喜马拉雅山北坡雅鲁藏布江部分支流等。积雪消融洪水主要分布在新疆阿尔泰山，此外东北一些河流等也有冰雪洪水。

1. 积雪消融洪水

积雪消融洪水是指由积雪融化形成的洪水，简称雪洪。一般在春、夏两季发生在中高纬地区和高山地区，可分为平原型和山区型两种。由于前期时段降雪量较大，随后气温回升又很快，加速了积雪消融的速度，从而造成洪水。和普通洪水不同的是，积雪消融洪水当中会夹杂大量的冰凌和融冰，所到之处，带来的破坏性极大。在一些中高纬地区，冬季漫长而严寒，积雪较深，来年春、夏季气温升高超过 0℃，积雪融化形成洪水，积雪消融洪水与累积积雪量密切相关，且时空分布特征差异明显（阿不力米提江·阿布力克木等，2015）。影响积雪消融洪水大小和过程的主要因素是：积雪的面积、雪深、雪密度、持水能力和雪面冻深，融雪的热量，积雪场的地形、地貌、方位、气候和土地使用情况，这些因素彼此之间有交叉影响。

春季积雪消融洪水是由冬季的积雪消融形成的，积雪消融洪水发生的时间一般在 4～6 月（图 6.19）。积雪消融洪水洪峰流量出现在 5～6 月。处在同纬度附近的河流，平原积雪消融洪水发生时间早于山区。中国阿尔泰山区河流的积雪消融洪水一般出现在 4～5 月，最迟至 6 月就结束。

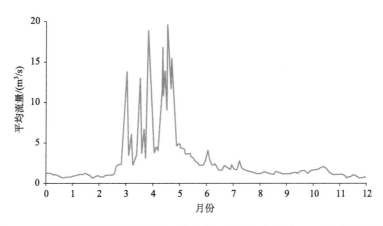

图 6.19　积雪消融洪水流量过程线（沙拉依灭勒河乌什水站 1970 年实测数据）

积雪消融洪水是积雪、热量条件、地形等因素综合影响的结果，因而具有与降雨洪水不同的特征，主要表现为：①洪水过程与气温过程变化基本一致，但在升温初期，气温上升比较快，河流流量变化不大，呈缓慢上涨，当气温即热量积累达到一定程度后，洪水过程上涨比气温过程陡，整个洪水过程落后于气温过程，洪峰滞后于温峰（图 6.20）；②洪水过程有明显的日变化，洪水日变化呈现一峰一谷，洪峰通常出现在午后，谷出现在夜晚，由于各个水文观测站离积雪区远近不同，各条河流峰谷出现时间不一样；③洪水虽然出现在开春，但由于春温极不稳定，不同年份气温回升速度差异很大，因而开春时间年际变化也很大。

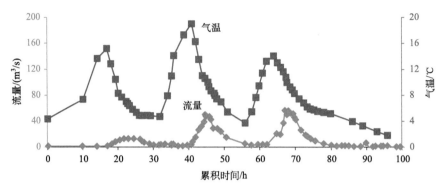

图 6.20　军塘湖河 2000 年 3 月 25～29 日流量气温逐时过程线（隗经斌，2006）

2. 冰川消融洪水

冰川消融洪水包括冰川及其上覆积雪的消融洪水，但主要以冰川消融洪水为主，因而统称为冰川消融洪水（丁永建等，2017）。

根据冰川消融洪水流量过程特征，冰川消融洪水可分为两种类型：一种是由于冰川正常的融化，一年一度形成的季节性洪水，洪水过程线无明显暴涨暴落，而是缓慢连续上升。冰川消融洪水的洪峰、洪量及洪水形态在相同的地质地貌条件下，主要取决于冰川消融区面积，一般呈肥胖单峰型，洪峰值出现在 7～8 月（图 6.21）。另一种是在极端天气条件下，如较短时间内出现极端高温天气，引起冰川异常消融，形成洪水。这类冰川消融洪水随着气温急剧变化而呈现暴涨暴落现象。

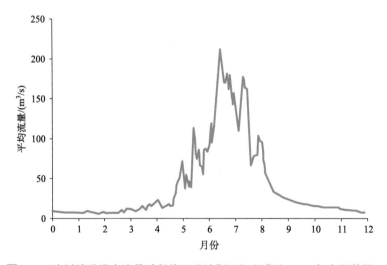

图 6.21　冰川消融洪水流量过程线（玛纳斯河红山嘴站 1974 年实测数据）

冰川消融洪水是夏季持续高温后产生的洪水，一般具有如下特点：①冰川消融洪水流量与气温变化具有明显同步关系，流量与降水变化呈非同步关系；②洪峰、洪量大小与升温幅度关系很大，也与冰川面积、雪储量、夏季降雪量有关，原因除了与太阳辐射、升温幅度、高温维持时间有关外，还与洪水随气温等热量条件变化缓慢、高山冰雪具有调蓄滞缓作用、洪水源于高山、受到河道调节、洪水平坦化等因素有关；③与积雪融水一样，高山冰雪融水有明显日变化，这种日变化因发源于不同山区的河流而呈现出不同的日变幅；④冰川消融洪水年际变幅小，如新疆主要河流最大洪水与最小洪水的比值在1.54～2.80；⑤冰川消融洪水洪峰型反映了山区高温期长短特点，如果迅速升温，冰川大量消融，洪水涨水快，降水期间，气温骤降，融水减少，洪水退水快；反之，高温持续，则洪水退水慢，如发源于天山山区的河流，由于该区高温期短，洪水历时通常在 4～10天，涨水、退水段坡度较陡。

3. 降雨+积雪消融混合洪水

在北半球春末夏初，正值积雪大量消融之时；如遇暴雨甚至大暴雨发生，相对高温的降雨加速了积雪的融化过程，同时强烈降雨过程的冲刷作用破坏了积雪本身的调蓄作用，共同加剧了积雪的消融及其融水汇流过程，形成积雪消融洪水，并与暴雨径流组合形成降雨+积雪消融混合型洪水。

降雨+积雪消融混合型洪水过程有如下特征：①洪水一般没有日变化，由于暴雨破坏了积雪融水随气温变化规律，在洪水过程线上看不出峰谷日变化；②洪水过程线底部宽，历时长，峰顶主要取决于雨量、雨强，雨量大、强度高，形成的洪峰陡高（图6.22）。这类洪水由于受积雪范围大小、积雪分布状况、升温幅度，以及雨量、雨强的影响，在不同河流出口断面上的过程线形状差别较大。

降雨+积雪消融混合型洪水灾害在我国西北洪水灾害中占的比例较大，根据新疆 19条主要河流统计，在 201 场洪水灾害中 37%为降雨+积雪消融混合型洪水灾害，其中天山、阿尔泰、塔城等地混合洪水灾害占 56%，居四类冰雪洪水产生灾害之首。

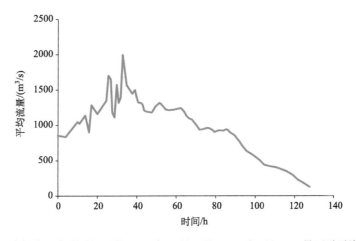

图 6.22　叶尔羌河卡群站记录的 1999 年 8 月 1 日 0:00 至 6 日 8:00 暴雨融雪洪水过程

4. 降雨+冰川消融型混合洪水

降雨+冰川消融型混合洪水与降雨+积雪消融混合型洪水最为显著的区别是，降雨+冰川消融型混合洪水发源于有冰川（包含冰川区积雪）分布的高山区。夏季，前期长期干旱、高温使得冰川、积雪全面消融，高山冰雪融水泄至中低山带，如遭遇一个大范围降水过程（大暴雨），暴雨产流与冰川融水产流汇合，形成降雨+冰川消融混合型洪水类型。相比降雨+积雪消融混合型洪水，该类型洪水年内发生时间相对要晚（降雨+积雪消融混合型洪水一般发生于春季或春夏之交，而降雨+冰川消融混合型洪水多发生于盛夏），洪水源区海拔位置要高。此外，降雨+冰川消融混合型洪水的洪峰洪量取决于雨前气温及降雨强度。降雨前气温高，高温维持时间长，过程线底部宽，雨量大、强度高，形成的洪峰陡立。

河水自高山流入平原，途中流经不同地带，常会产生几种洪水类型相互交错叠置，因而在高寒山区河流中出现洪水大多为降雨洪水+积雪消融洪水、降雨洪水+冰川消融洪水等混合型洪水。尽管不同类型洪水过程存在明显差异（图6.23），但因高冰冻圈气象水文站网稀少，山区降水观测资料缺乏，很难判断一次洪水过程是由多少降雨贡献产生的。

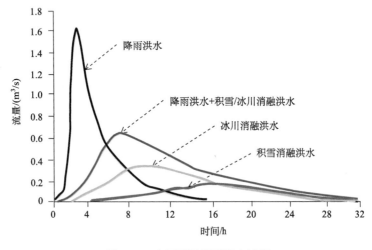

图6.23　山区不同类型洪水过程

6.4.2　冰湖溃决型洪水

冰湖（glacial lake）属于在洼地积水形成的自然湖泊的一种，一般把在冰川作用区内与冰川有着直接或间接联系的湖泊称之为冰湖，是冰冻圈最为活跃的成员之一。冰湖的补给来源主要是冰雪融水，可分为冰碛湖、冰川湖和冰面湖等类型。与一般自然湖泊相比，冰湖多具有如下特征：①规模小，多变化于 $10^{-3} \sim 10^2$ km^2 范围内；②年内和年际的面积/水量变化大；③存在周期短，一般从不足一年到数十年；④与冰川有着直接或间接联系，对气候变化敏感。

冰湖溃决洪水（glacier lake outburst flood，GLOF）是指在冰川作用区，由于冰湖突然溃决而引发溃决洪水/泥石流，危害人民生命和财产安全并对自然和社会生态环境产生破坏性后果的自然灾害。冰湖溃决包括冰川阻塞湖、冰碛阻塞湖、冰面湖、冰内湖等冰川湖突发性洪水，最为常见的是冰碛湖溃决洪水和冰川湖溃决洪水。

冰湖溃决灾害在世界各地均有发生，喜马拉雅山、安第斯山、中亚、阿尔卑斯山和北美等地的冰川作用区是冰湖溃决灾害的多发区（图 6.24）。自 20 世纪 30 年代以来，兴都库什-喜马拉雅山有记录的冰湖溃决灾害已呈增加趋势，到 2010 年，累计发生的溃决灾害超过 32 次，平均每年发生 0.46 次，尤其是 60 年代中期以来，平均每年发生 1 次冰湖溃决事件。在冰湖溃决灾害中，一般又以冰碛湖溃决洪水规模大、影响范围广，在相似规模的冰湖中，冰碛湖的溃决洪峰可能较冰川湖的洪峰大 2～10 倍，因此冰碛湖溃决灾害研究备受关注。

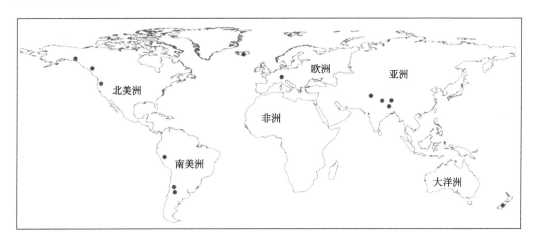

图 6.24　全球有记录已溃决冰碛湖的分布（丁永建等，2017）

6.4.3　冰川泥石流

冰川泥石流（glacial debris flow）是发育在现代冰川和积雪边缘地带，由冰雪融水或冰湖溃决洪水冲蚀形成的含有大量泥砂石块的特殊洪流。常发生在增温与融水集中的夏、秋季节，晴、阴、雨天均可产生。与暴雨泥石流相比，冰川泥石流具有规模大、流动时间长等特征。目前国内外学者对冰川泥石流类型尚无统一的认识。但冰川泥石流是泥石流的子类，对冰川泥石流的分类可以借鉴泥石流的分类依据从以下三方面进行：第一是按照泥石流的流体物理性质进行分类，即主要从泥石流流态、固体颗粒物质级别的百分含量、泥石流容重、黏度、流速、流量、能量等因素综合归纳；第二是按照应用分类，即主要从泥石流强度、规模大小、一次泥石流爆发的独体颗粒物质淤积数量、对人类生产生活造成的破坏程度及损失大小等进行；第三是按照泥石流的成因分类，即从形成泥石流的水源、固体颗粒物质的补给强度、泥石流发生的地质地貌背景、人类活动的影响因素进行分类。但是，前两种分类方法的标准和特征等与普通泥石流分类相似（施雅风等，2000），本节主要介绍按冰川泥石流水源成因不同的分类方法。

　　冰川泥石流成因复杂，其成因分类可以从形成冰川泥石流的水源、泥石流固体物质的补给方式、发生泥石流的地质地貌条件等方面进行。根据形成冰川泥石流的主要补给水源，将冰川泥石流划分为冰川融水型、积雪融水型、冰崩雪崩型、冰碛阻塞湖溃决型、冰川阻塞湖排水型和冰雪融水与降雨混合型 6 种冰川泥石流类型（表 6.7）。

表 6.7　冰川泥石流成因分类

类型	亚类	主要补给水源	活动特征
冰川融水型		冰川（尤其是海洋型冰川）急剧消融而形成的洪水	是冰川泥石流中最主要的类型。分布面积广，数量多，活动频繁。多发生在夏季晴日的午后和夜间
积雪融水型		积雪（尤其是季节性积雪）骤然融化而形成的洪水	分布范围多限于冰川之下。多产生在春季和初夏气温骤然升高时，频率低，规模大小不等，小于冰川融水型泥石流
冰崩雪崩型	冰崩雪崩堆积融化型	冰崩或雪崩堆积的冰雪迅速消融而形成的洪水	多形成于冰舌之下。规模一般较小，但当遇到大地震时规模可能很大。出现的频率小于上列两类泥石流。多暴发在春、夏季
	冰崩雪崩堵塞型	冰崩或雪崩阻塞河道后发生溃决而形成的洪水	规模和频率一般均小于其他类型冰川泥石流，但具有更大的突发性
冰碛阻塞湖溃决型		冰碛阻塞湖突发性排水	一般暴发规模大，来势猛，但频率小。开始多为黏性泥石流，随后即转为稀性泥石流
冰川阻塞湖排水型		冰川阻塞湖突发性排水	其中以支冰川阻塞主河道而发生溃决时规模最大，其余特征类似冰碛阻塞湖溃决型泥石流
冰雪融水与降雨混合型		冰雪极速融化与降雨共同组成的强大水流	由于冰雪融水和降雨叠加，所以规模很大，但频率小，仅发生在夏季

参 考 文 献

阿不力米提江·阿布力克木, 陈春艳, 王秦甫·阿不都拉, 巴哈古丽·瓦哈甫. 2015. 2001—2012 年新疆融雪型洪水时空分布特征. 冰川冻土, 37(1): 226-232.

白重瑗. 1989. 冰川与气候关系的研究. 冰川冻土, 11(4): 287-297.

陈仁升, 张世强, 阳勇, 等. 2019. 冰冻圈变化对中国西部寒区径流的影响. 北京: 科学出版社.

丁良福, 康兴成. 1985. 祁连山冰川发育的气候条件及其对冰川特征的影响. 见: 中国科学院兰州冰川冻土研究所集刊, 第 5 号, 9-15.

丁永建, 张世强, 陈仁升. 2017. 寒区水文导论. 北京: 科学出版社.

傅抱璞. 1983. 山地气候. 北京: 科学出版社.

高鑫, 叶柏生, 张世强, 等. 2010. 1961～2006 年塔里木河流域冰川融水变化及其对径流的影响. 中国科学: 地球科学, 40(5): 654-665.

胡汝骥. 2013. 中国积雪与雪灾防治. 北京: 中国环境出版社.

胡隐樵. 1987. 一个弱冷岛的数值试验结果. 高原大气, 6(1): 1-8.

康尔泗, 杨针娘, 赖祖铭, 等. 2000. 冰雪融水径流和山区河川径流. 见: 施雅风. 中国冰川与环境-现在、过去和未来. 北京: 科学出版社, 190-205.

刘时银, 姚晓军, 郭万钦, 等. 2015. 基于第二次冰川编目的中国冰川现状. 地理学报, 70(1): 3-16.

沈永平, 梁红. 2004. 高山冰川区大降水带的成因探讨. 冰川冻土, 26(6): 806-809.

沈永平, 苏宏超, 王国亚, 等. 2013. 新疆冰川、积雪对气候变化的响应(II): 灾害效应. 冰川冻土, 35(6): 1355-1370.

施雅风, 黄茂桓, 姚檀栋, 等. 2000. 中国冰川与环境——现在、过去和未来. 北京: 科学出版社.

汤懋苍. 1985. 祁连山区降水的地理分布特征. 地理学报, 40(4): 323- 332.

王宁练, 贺建桥, 蒋熹, 等. 2009. 祁连山中段北坡最大降水高度带观测与研究. 冰川冻土, 31(3): 395-403.

隗经斌. 2006. 新疆军塘湖河典型融雪洪水过程研究. 冰川冻土, 28(4): 530-534.

谢自楚, 王欣, 康尔泗, 等. 2006. 中国冰川径流的评估及其未来 50a 变化趋势预测. 冰川冻土, 28(4): 457-466.

杨针娘. 1991. 中国冰川水资源. 兰州: 甘肃科学技术出版社.

叶笃正, 高由禧. 1979. 青藏高原气象学. 北京: 科学出版社.

赵林, 丁永建, 刘广岳, 等. 2010. 青藏高原多年冻土层中地下冰储量估算及评价. 冰川冻土, 32(1): 1-9.

Chen R, Han C, Liu J, et al. 2018a. Maximum precipitation altitude on the northern flank of the Qilian Mountains, Northwest China. Hydrology Research, 49(5): 1696-1710.

Chen R, Wang G, Yang Y, et al. 2018b. Effects of cryospheric change on alpine hydrology: combining a model with observations in the upper reaches of the Hei River, China. Journal of Geophysical Research: Atmospheres, 123: 3414-3442.

Foster J L, Chang A T C. 1993. Snow Cover. In Atlas of Satellite Observations Related to Global Change. In: Gumey R J, Foster J L, Parkinson C L. Cambridge: Cambridge University Press.

Han H D, Ding Y J, Liu S Y, et al. 2015. Regimes of runoff components on the debris-covered Koxkar glacier in western China. Journal of Mountain Science, 12(2): 313-329.

IPCC. 2013. Climate Change 2013: The Physical Science Basis. Cambridge, United Kingdom and New York, NY, USA: Cambridge University Press.

Li X, Chen G D, Jin H J, et al. 2008. Cryospheric change in China. Global and Planetary Change, 62: 210-218.

Yang D, Shi Y, Kang E, et al. 1991. Results of solid precipitation measurement intercomparison in the alpine area of Urumqi River basin. Chinese Science Bulletin, 36: 1105–1109.

Zhang S, Ye B, Liu S, et al. 2012. A modified monthly degree-day model for evaluating glacier runoff changes in China. Part I: model development. Hydrological Processes, 26(11): 1686-1696.

Zhang T, Barry R G, Knowles K, et al. 2008. Statistics and characteristics of permafrost and ground-ice distribution in the Northern Hemisphere. Polar Geography, 31(1-2): 47-68.

Zhao Q, Zhang S, Ding Y, et al. 2015. Modeling hydrologic response to climate change and shrinking glaciers in the highty glacierized Kunma Like River catchment, central Tian Shan Mountains. Journal of Hydrometeorology, 16: 2383-2402.

思　考　题

1. 冰冻圈变化对西部寒区流域径流有什么影响?
2. 冰冻圈变化对中国哪些地区的水资源影响最大? 为什么?
3. 气候变化背景下, 如何解决西北干旱区的水资源问题?

延 伸 阅 读

丁永建, 张世强, 陈仁升. 2017. 寒区水文导论. 北京: 科学出版社.

陈仁升, 张世强, 阳勇, 等. 2019. 冰冻圈变化对中国西部寒区径流的影响. 北京: 科学出版社.

丁永建, 效存德. 2019. 冰冻圈变化及其影响综合报告. 北京: 科学出版社.

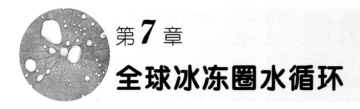

第7章
全球冰冻圈水循环

在地球环境的历史演替过程中，冰冻圈与海洋之间存在着此消彼长的互馈关系。如果气候持续变暖，陆地冰会大量融化，融水导致海平面上升；反过来，如果气候持续变冷，海洋中的水会大量冻结，在陆地上形成大量的冰，从而导致海平面下降。在海洋水量与陆地冰量的转化过程中，大洋环流会随着水量和冰量的变化而变化，最终会影响全球的水循环过程。

7.1 冰冻圈与海洋中的淡水

相比低纬度，高纬度地区的冰冻圈发育更加集中。冰冻圈融水是一种淡水，当这种淡水进入海洋以后，会在海洋中形成淡水库，即海洋淡水。这种海洋淡水与冰冻圈融水、海冰和大洋水存在着动态平衡关系，气候持续变化会打破这种平衡，导致大洋环流、大洋生态系统，以及全球气候发生巨大变化且其影响深远。

7.1.1 高纬度地区的海洋淡水

高纬度地区的海洋淡水主要通过大气降水、河流径流和陆地冰的融化补给。海洋中来自冰冻圈融化的大量淡水可以储存在深水盆地中并长期驻留，形成一种海洋淡水水库。由于海洋淡水的驻留时间变化很大，所以冰冻圈在极地地区海洋的淡水收支中扮演着重要角色。

南、北极的海洋淡水储存在两个"水库"中，即"海冰水库"和"液态淡水水库"。在海冰水库中，海冰的盐度随着海冰冰龄的不同而有差异；在液态淡水水库中，液态淡水量通常被定义为基准盐度和实际盐度之差的垂直积分，可被解释为基准盐度水柱稀释到实际盐度时增加的淡水柱的高度。这两种水库通过海冰的冻结和融化进行着淡水交换。也就是说，海冰的减少意味着海冰融化量的增加，进入海洋的淡水增多，从而导致液态淡水水库库容的增大。需要指出的是，在长时间尺度上，这两种水库的外部强迫作用通常会比它们内部之间的淡水交换更加重要。

除了海冰，液态淡水水库还受大气降水和冰冻圈其他要素的影响。图 7.1 给出了南、北极多年平均的淡水收支平衡状况。可以看出，南、北极的淡水循环主要在大气、海洋、陆地和海冰之间相互转换。大气降水对液态淡水水库的影响比较明显，每年向南、北极海域的输入贡献分别为 4900km³ 和 2800km³。虽然大气降水的补给量显著，但相应地区每年的淡水蒸发量却分别高达 3500km³ 和 2500km³，加之与海洋的混合，真正能够作为淡水水库的输入量也是较有限的。陆地表面径流输入也是高纬度淡水输入的重要组成部分，需要指出的是，进入北极的陆地径流主要是融雪径流，还包括冰川和冰盖的融水径流。海冰和积雪在北极淡水循环中起着重要作用。在南极，没有陆地径流直接补给，只有出流冰川（outlet glaciers）向海洋补给。总之，在南、北极地区海域的淡水收支中，海洋的液态淡水水库占主要地位，海冰水库次之。在淡水循环中，海冰的融化和冻结扮演着最重要的角色。例如，南、北极每年都有 $1.7 \times 10^4 \sim 1.8 \times 10^4$km³ 的淡水参与了淡水循环，远远大于融雪水和降水–蒸发过程参与的淡水循环。

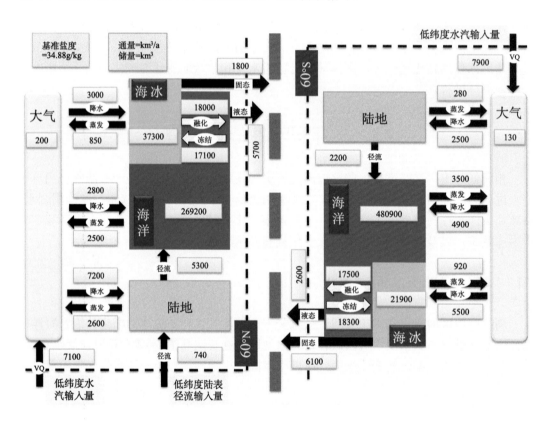

图 7.1　1961～1990 年南、北纬 60°～90°区域的淡水平均收支状况（丁永建和张世强，2015）

图中箭头旁边的数值表示通量（单位：km³/a），框中的数值表示储量（单位：km³）。基准盐度单位=34.88g/km

7.1.2　高纬度固–液态淡水交换

7.1.1 节从动态平衡角度分析了大洋中的淡水组成，本节主要关注固–液态淡水的交换与变化。若气候持续变暖，冰冻圈变化会打破海洋淡水与冰冻圈融水、海冰和大洋水的动态平衡关系，使得冰冻圈-大洋淡水-大洋环流-气候变化之间的关系变得更加复杂。例如，自 20 世纪 60 年代中期以来，北极的海冰大量减少，海洋中的液态淡水趋于减少，这说明北极地区液态淡水的输出量正在增加，甚至处于入不敷出的状态。原因为，这一时期的北大西洋涛动（NAO）趋于加强，这不仅使高纬度地区的升温加速，还增大了通过弗拉姆海峡（Fram Strait）的海冰输出量，增强了北欧海域的大气环流，加强了进入大西洋的洋流，从而海洋中液态淡水的输出量增加，海冰的冷、淡水效应向外扩张并增强。

　　尽管对海冰与影响海洋淡水交换的大洋环流效应之间的关系还不清楚，但在长时间尺度上海冰与气温-降水的反馈机制的关系十分密切。这是因为气温增加使水循环过程增强，大气降水和冰盖积累量增加，从而使冰盖发生扩张；冰盖扩张使冰面的反照率增强，地表的温度下降，从而气候将从间冰期向冰期演变。这种反馈机制是地质时间尺度上冰期-间冰期循环过程中海冰扮演开关角色的重要组成部分。实际上，气候代用指标纪录指出，在冰期向间冰期过渡期间，当面积最大的海冰开始退缩时，冰盖的积累率呈现出急剧增加的变化趋势。上述反馈机制是指长期自然演化过程，在现代气候变化背景下，由人类活动加剧的全球气候变暖已经远远超出自然变率范围，且时间尺度很短，与长时间尺度的大气-冰冻圈-海洋相互作用过程与机制有很大不同。正因为如此，这也是引人关注的热点和重大科学问题。

　　除了海冰，冰冻圈其他要素（如冰架、入海冰川、冰山）也会对大洋淡水的交换与变化产生重要影响。例如，通过冰架或入海冰川崩解而形成的冰山、脱离海冰主体而形成的大量浮冰，它们均可输移到很远的大洋区域。随着气候持续变暖，来自格陵兰和南极冰盖的大量融水和巨型崩解冰体，会对大洋环流、全球水循环和全球气候产生显著影响。可见，在全球水循环中，受冰冻圈变化影响的高纬度地区的海洋淡水的交换与再分配过程备受关注。

7.2　冰冻圈与全球水循环

7.2.1　冰冻圈与大气的相互作用

　　冰冻圈与大气圈、水圈、岩石圈和生物圈构成了一种复杂的气候系统，全球水循环作为一个纽带将这个气候系统中的各个子系统紧密地联系在一起。海洋在水循环中扮演着关键角色，海水大约占地球总水量的 97%，而冰冻圈储存着地球上 70%的淡水。在冰冻圈固态淡水-海洋中的液态淡水、冰冻圈液态淡水-海洋盐水的转换过程中，基于能量交换和质量变化，冰冻圈与大气和海洋之间的相互作用影响着全球气候、大洋环流和全球水循环。

　　冰冻圈与大气的相互作用是气候系统的重要组成部分。冰冻圈与大气在冰雪-大气界面上进行着物质和能量交换。冰-气相互作用决定着大气-海冰边界层、大气-冰雪边界层的动力学和热力学性质。这里的冰-气作用包括能量、热量和物质的交换，以及风力对海冰和积雪等运移的影响，还包括生物地球化学循环中二氧化碳、二甲基硫等物质的交换。冰冻圈对气候变化极为敏感，是气候变化的指示器。冰冻圈变化会导致局地、区域或全球水循环过程中能量和水量的减少或增加，如果这种能水平衡发生改变，冰冻圈与大气、海洋、水文、环境和生态等会产生一系列的相互作用。冰冻圈中的积雪、海冰和冰盖是导致气候异常的重要因子，也是重要的气候预测因子。伴随着气候变化，冰冻圈与液态水圈会形成此消彼长的相依互馈关系。在全球尺度上，冰冻圈退缩会引起水圈的水循环加剧、海平面上升，而且来自冰冻圈的冷、淡水进入海洋后还会改变温盐环流，进而影响气候变化。

　　冰冻圈与大气的相互作用会对海洋产生显著影响，主要表现在海平面变化、淡水通量变化、洋流变化、温盐环流变化等方面（图7.2）。在冰冻圈诸要素中，海冰因其中短期气候作用显著而受到广泛关注，其中海冰与大气和海洋的相互作用尤为显著。海冰的范围、厚度、结构和物质组成与气候变化密切相关，海冰通过改变海洋与大气之间的热交换和水汽的交换通量来影响全球气候。海冰对气候系统的影响主要表现在以下方面：①海冰作为极地地区大气的下边界，反照率远高于海面，能够把大部分太阳辐射反射回大气，限制极地地区大气的能量来源；②海冰作为极地地区海洋的上边界，会阻碍甚至隔离大气与海洋之间的热传导；③海冰的冻融过程会影响大气温盐环流的形成和强度；④伴随海冰冻融过程的吸、放热过程，会平滑区域极值温度、延缓季节温度变化。在气候变化下，海冰的冻融过程通过改变海水的温度和盐度，进而影响海洋的温盐环流、海平面变化及海洋的淡水通量。

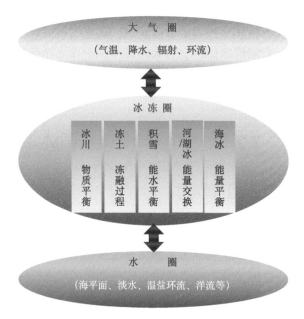

图 7.2　冰冻圈–大气–海洋相互作用示意图

7.2.2　全球水循环中的冰冻圈作用

　　在全球水循环过程中，大洋环流扮演着至关重要的角色。大洋环流由表层洋流和深层洋流组成。表层洋流由风力驱动，深层洋流由海水的温度和盐度差异驱动。实质上，这种深层洋流是由海水的温度和盐度引起的海水密度差形成的，也称为温盐环流。全球尺度的大洋环流一直是海洋及气候学家热衷的富有挑战性的研究课题之一。在一个世纪以前，有学者指出，大洋环流将来自太阳辐射的热量从赤道输送至两极地区。但这一问题开始受到较多关注还要追溯到 20 世纪 80 年代，最显著的标志是基于大洋温盐环流驱动机制提出的大洋传送带的概念模型（图 7.3）。随后，有人基于大洋之间的水交换提出了大洋传送带的层级温盐环流，同时估算了不同层级环流的输送通量（Schmitz, 1995）。从此，大洋传送带模型及其层级构造成为全球大洋温盐环流的经典模式。

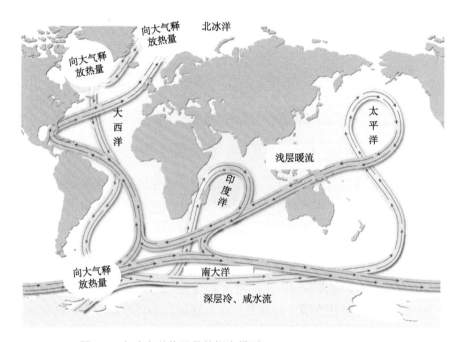

图 7.3　全球大洋传送带的概念模型（Broecker, 1987, 1991）

大洋温盐环流是全球水循环过程的主要驱动力，主要由以下四部分组成：高纬度地区的下沉环流、从高纬度向低纬度地区传输的底层环流、低纬度地区的上升环流（即翻转环流）和从低纬度向高纬度地区传输的表层环流（图 7.4）。驱动温盐环流的主要机制是，高纬度地区的融水使海水的温度降低且密度增加，形成下沉环流；为了补充下沉环流造成的海水缺失，周边的海水会自动补充过来；伴随着低纬度地区温度较高且密度较小的表层海水向高纬度地区的传输，这样就形成了全球性的温盐环流，这也是大洋传输带概念模型的理论基础。

经向翻转环流（MOC）是大洋温盐环流的重要组成部分。它是指低纬度地区温暖的表层海水向高纬度地区传输，在高纬度地区遇冷后形成下沉环流；下沉环流在高纬度地区的海洋深层翻转并朝低纬度地区传输。这一过程受控于海水的温度和盐度导致的海水密度差。大西洋经向翻转流（AMOC）比较典型，深受海洋气候学家的关注。大西洋经向翻转流是指低纬度地区较为温暖且盐度较高的大西洋表层海水由南向北的传输、高纬度地区温度较低的北大西洋深层海水由北向南的传输过程。大西洋经向翻转流将大量热量从低纬度地区输送到北大西洋的高纬度地区，使得冬季北欧地区的气温较相同纬度的其他地区高 10℃左右。

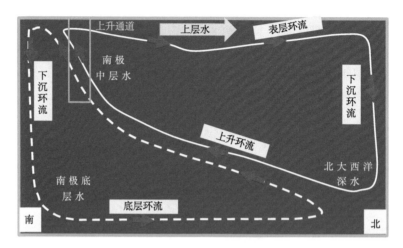

图 7.4　大洋温盐环流形成示意图

　　冰冻圈变化会影响经向翻转环流，与全球水循环关系密切。冰冻圈持续变暖会产生大量融水，融水的冷、淡水效应会影响温盐环流对全球水循环的驱动作用。这里的冷水效应会使高纬度地区大洋水的密度增加，淡水效应会使高纬度地区大洋水的密度减小。在气候持续变暖下，当淡水效应大于冷水效应时，高纬度地区海洋表层海水的密度就会小于底层海水，从而会抑制温盐环流，或者使温盐环流停滞并发生逆转。类似的，当淡水效应小于冷水效应时，海洋表层海水的密度就会大于底层海水，从而会加速温盐环流。有研究认为，如果气候持续变暖，格陵兰冰盖加速融化的淡水将使海水密度变小，使得海水无法在高纬度地区下沉或下沉趋缓，从而会减弱大西洋经向翻转流，导致北欧的气候变冷。

　　经向翻转环流理论可以解释与冰冻圈变化相关的气候变化。冰心记录揭示了末次冰期千年尺度的气候变化，发现了间冰期持续了几百年到数千年的突然变暖事件也出现在北大西洋和太平洋的沉积纪录中。为了揭示这种变暖的驱动机制，推测冰期的大西洋经向翻转环流是不稳定的。当冰盖开始扩张时，大西洋经向翻转环流很弱或关闭着，这时很少有海盐从大西洋输送到其他洋盆。例如，假设北大西洋为净蒸发，水汽以积雪形式在陆地上积累，这会增加冰盖的补给，从而海洋盐度会持续增加；当海洋盐度达到临界值时，海洋的深层对流就开始形成，随之大西洋经向翻转环流被启动，这时低纬度地区的热量向北大西洋传输和释放，导致冰盖逐渐融化。当冰盖开始融化时，通过融冰或冰山而进入北大西洋的淡水会逐渐减弱或阻断大西洋经向翻转环流，从而大西洋经向翻转环流又会回到较弱或关闭的状态。

　　淡水强迫模拟试验（water-hosing experiments）证实了冰冻圈的淡水效应在气候变化中的重要作用。这个试验是在北大西洋 50°～70°N 的地区，通过人为地加入淡水来减弱甚至中断大西洋经向翻转流，进而分析在这个条件下全球气候的响应特征。试验结果指出，在北大西洋高纬度地区加入淡水后，大西洋经向翻转流迅速减弱或中断，导致了北大西洋显著变冷、南大西洋略为升温、大西洋热带辐合带（intertropical convergence zone，ITCZ）南移。可见，当大西洋经向翻转环流减弱或中断时，北大西洋的温度显著降低。预估结果指出，大西洋经向翻转环流在 21 世纪将会减弱，最佳减弱范围从 RCP2.6 情景下的 11%到 RCP8.5 情景下的 34%，但大西洋经向翻转环流不会发生突变或崩溃（IPCC, 2013）。

7.3　冰冻圈与海平面变化

在全球气候冷暖交替的历史演化过程中，冰冻圈变化与海平面变化紧密相关。如果气候持续变暖，融水会导致海平面上升；如果气候持续变冷，海洋淡水冻结会导致海平面下降。

7.3.1　影响海平面变化的主要因素

海平面变化在不同时空尺度广泛存在，引起海平面变化的因素十分复杂，主要有冰冻圈变化、火山、构造运动、大地水准面变化、天文因素、地球物理因素、温室气体及陆地水储量的变化。可归纳为三类：一是海水体积变化；二是海盆容积变化；三是大地水准面变化。

海水体积变化包括冰川消长、密度体积效应、地幔水排出和渗入等，其中冰川变化的影响最大。在冰期，海水冻结后储存在陆地上，成为冰冻圈的主要组分，导致海平面下降；在间冰期，冰冻圈融化，进入海洋的融水大幅增加，导致海平面上升。在第四纪冰期—间冰期旋回期间，海平面的升降幅度高达 100~200m。密度体积效应对海平面变化的影响表现在海洋的热胀冷缩和温盐变化方面。当海水温度上升时，海洋受热膨胀，导致海平面上升；当海水温度下降时，海洋受冷缩小，导致海平面下降。预估认为，如果全球海水的温度升高 1℃，海平面大约上升 0.6m。地幔水的排出和渗入主要通过改变海水的体积变化来影响海平面变化。海水盐度变化也可引起海平面变化。如果海水盐度从 35‰减少到 25‰，将导致海平面下降 7.6m。在过去的 2000 万年内，由于海水温度降低、盐度减少，海平面下降了 5.3m。

海盆容积变化包括深海洋积物、火山喷发、洋底扩张、俯冲速率变化、地壳的均衡补偿作用、构造运动等，其中构造运动和海底扩张的影响最大。构造运动使地处欧亚板块的喜马拉雅山发生隆升，使得海平面下降了 10m。当海底扩张的速度较快时，离开洋中脊的海底没有充足时间冷却下沉，使洋盆底部较高，海平面会上升，形成所谓的海侵期。相反，当海底扩张的速度较慢时，海底比正常情况下有充足时间冷却下沉，使得洋盆底部温度比正常情况下低，海平面会下降，形成所谓的海退期。例如，在中生代的白垩纪时期，快速的海底扩张使海平面上升了 300m；进入新生代的古近纪和新近纪后，缓慢的海底扩张使海平面下降了 300m。

大地水准面变化包括地球运动轨道参数变化、地球自转速率变化等。地球运动轨道参数和地球自转速率与大地水准面是处于相对平衡状态的，地球运动轨道参数及地球自转速率的变化会打破原有平衡，这就需要通过对大地水准形状的调整来适应新的转道参数和自转速率。

在引起海平面变化的诸多因素中，不同因素的时间尺度差异很大，从构造尺度、轨道尺度、小尺度到现代尺度，时间尺度依次变小（图7.5）。现代尺度的海平面变化已经对人类的生存环境造成了严重威胁，受到了高度关注。现代海平面变化是由工业革命以来人为温室气体排放导致的全球变暖引起的。主要特征是，在较短的时间内海平面上升十分显著，同时引发了一系列气候、环境和灾害问题。后面谈到的海平面变化均指现代海平面变化。影响现代海平面上升的主要因素为冰冻圈加速融化、海洋热膨胀和陆地水储量变化。具体来说，冰冻圈变化对海平面变化贡献相对最大，尤其是近期极地冰体的加速消融已经弥补了由海洋热膨胀减缓对海平面的贡献，使得海平面几乎以相同的速率持续上升（表7.1）。例如，观测结果指示，1993～2010年冰盖和冰川的贡献为1.46mm/a，与其他因素的总贡献相当。

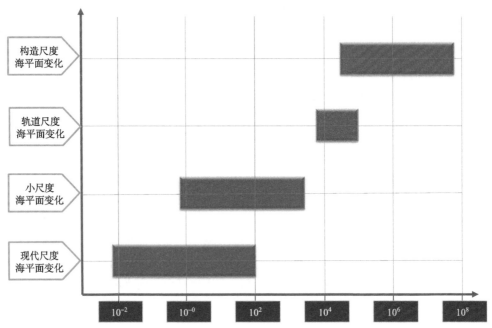

图 7.5　不同机制海平面变化的时间尺度

7.3.2　冰冻圈对海平面变化的贡献

在现代海平面变化的贡献因子中，冰冻圈和海洋热膨胀对海平面变化的贡献占据着重要地位。随着全球气候持续变暖，海洋热膨胀的贡献将会减弱，而冰冻圈的贡献，尤其是格陵兰和南极冰盖的贡献将会显著增加。下面分别介绍山地冰川和冰盖对海平面变化的贡献。

表 7.1 过去不同时期观测和模拟的全球海平面变化（据 IPCC AR5，2013 修改）（单位：mm/a）

贡献来源		贡献因子	1901～1990 年	1971～2010 年	1993～2010 年
贡献来源	观测结果	热膨胀	—	0.8[0.5～1.1]	1.1[0.8～1.4]
		山地冰川	0.54[0.47～0.61]	0.62[0.25～0.99]	0.76[0.39～1.13]
		格陵兰冰盖	—	—	0.33[0.25～0.41]
		南极冰盖	—	—	0.27[0.16～0.38]
		陆地水储量	−0.11[−0.1～−0.06]	0.12[0.03～0.22]	0.38[0.26～0.49]
		总贡献	—	—	2.80[2.3～3.4]
		观测的全球平均海平面上升	1.50[1.3～1.7]	2.00[1.7～2.3]	3.20[2.8～3.6]
	模拟结果	热膨胀	0.37[0.06～0.67]	0.96[0.51～1.41]	1.49[0.97～2.02]
		山地冰川	0.70[0.35～0.95]	0.72[0.46～0.99]	0.92[0.49～1.36]
		包括水储量在内的总贡献	1.00[0.5～1.4]	1.80[1.3～2.3]	2.80[2.1～3.5]

1. 山地冰川

山地冰川大约占全球冰（冰川和冰盖冰）储量的 1%，因其规模较小且地处较冰盖更为温暖的气候环境中，山地冰川对气候变暖的响应更为敏感。在当前气候状态下，山地冰川正在快速退缩，进入海洋的大量融水对海平面变化具有重要贡献。南极和格陵兰以外的山地冰川的总面积为（51.2～54.6）×10^4km^2、总体积为（5.1～13.3）×10^4km^3，假如这些山地冰川全部融化，相当于海平面上升了 0.15～0.37m。在评估山地冰川对海平面上升的贡献时，有一个关键问题需要注意。虽然冰川融水总量等于冰川物质损失总量，但冰川上每年还有降水补给，即存在冰川物质的收入部分，收入的这一部分物质在海洋-陆地的水循环方面具有抑制海平面上升的作用。可见，山地冰川对海平面变化的贡献应当是冰川物质积累和物质消融的综合结果，即净物质平衡量。需要指出的是，物质平衡仅一年或少数几年为正或负，不会立即引起冰川的前进或退缩，而是有一个滞后期，即冰川变化是多年物质平衡的综合结果。

通过冰川变化资料估算的冰川对海平面变化的贡献。推算的物质平衡研究指出，过去 40 年全球绝大多数冰川的物质平衡为负值，即冰川处于退缩状态，与近几十年的全球变暖趋势基本一致。在 20 世纪 80 年代末至 90 年代初，尽管一些地区的冰川物质平衡为正或正负交替，但要弥补前期巨大的物质亏损还需相当长的时间。近几十年，特别是 90 年代以来，冰川物质平衡明显向负的方向发展，冰川退缩和融水径流量增大进一步加剧。IPCC 评估的山地冰川对海平面变化的贡献为 0.41～0.83mm/a（表 7.2）。当前的评估结果还存在较大误差。例如，1895～2005 年对海平面变化的平均贡献（0.83mm/a）明显大于 2003～2009 年的贡献（0.59mm/a），与近几十年的全球变暖趋势有一定差异。总体来看，随着全球变暖，山地冰川对海平面的贡献呈增加趋势。

表 7.2　不同时期山地冰川对海平面变化的贡献（丁永建等，2017）

年份	贡献值/（mm/a）	数据来源
1800～2005	0.41±0.10	Leclercq 等（2011）
1895～2005	0.83±0.21	
1901～1990	0.54±0.07	IPCC（2013） 丁永建等（2017）
1971～2009	0.62±0.37	
1993～2009	0.76±0.37	
2003～2009	0.59±0.07	
2005～2009	0.83±0.37	

通过实地监测资料估算的冰川对海平面变化的贡献。基于物质平衡资料，估算的冰川对海平面变化的贡献为 0.27mm/a。需要注意的是，这个估算结果偏小，因为没有包括阿拉斯加、巴塔哥尼亚和中亚等地区的冰川。监测研究指出，1995～2000 年巴塔哥尼亚冰帽的消融使海平面上升了 0.10±0.01mm/a。基于激光测量方法，发现从 20 世纪 50 年代中期至 90 年代中期，阿拉斯加的大多数冰川都在融化，其融水量相当于海平面上升了 0.14±0.04mm/a。综合以上结果，目前山地冰川对海平面变化的贡献大约为 0.66mm/a。

虽然山地冰川占陆地冰川的比例很小，但其对海平面变化的影响仅次于海水的热膨胀。山地冰川的普遍退缩状况还要延续相当长一段时间，尤其对小规模山地冰川来说，随着冰川面积不断缩小，冰川融水量增大到一定程度后会转而减小，即冰川径流的"拐点"。总体来说，山地冰川对海平面变化的贡献有限，随着冰川面积的不断减小，这种贡献将逐渐减少。

2. 格陵兰及南极冰盖

格陵兰及南极冰盖的消融趋势在逐年加强，对海平面变化的贡献逐渐增大。IPCC 第五次评估报告指出，格陵兰及南极冰盖在最近 10 年（2002～2011 年）对海平面变化的贡献分别为 0.59mm/a 和 0.40mm/a，远大于其在以前 10 年（1992～2001 年）的贡献值（表 7.3）。尽管格陵兰及南极冰盖在 1992～2001 年的贡献值相当，但格陵兰冰盖在 2002～2011 年的贡献远大于南极冰盖，这说明格陵兰冰盖的消融速率及其对海平面变化的贡献远大于南极冰盖。

表 7.3　格陵兰冰盖和南极冰盖对海平面变化的贡献（IPCC, 2013）

贡献因子	贡献值/（mm/a）			
	IPCC AR4		IPCC AR5	
	1961～2003 年	1993～2003 年	1992～2001 年	2002～2011 年
格陵兰冰盖	0.05±0.12	0.21±0.07	0.09[−0.02～0.20]	0.59[0.43～0.76]
南极冰盖	0.14±0.41	0.21±0.35	0.08[−0.01～0.27]	0.40[0.20～0.61]

注：正值表示海平面上升，负值表示海平面下降。

在区域尺度上,海平面变化不仅受比容效应的影响,还受海洋动力学(即海洋环流)影响。海水密度的倒数叫海水比容,即单位质量海水所具有的体积,它是盐度、温度的函数。温度增加,海水体积就会增大,即随着全球变暖,海洋体积会热膨胀,从而使海平面上升;盐度增加,海水体积也会增大。气候变暖会导致海水的温度和盐度均发生变化,从而影响海洋体积变化,进而导致海平面变化。在海洋动力学影响方面,经向翻转环流的变化会引起局地海水的堆积,从而导致局地海平面发生变化。在全球尺度上,海洋动力学引起的海平面变化是个常数。动力海平面主要受海洋、大气环流、气温和盐度的重新分配影响。在目前格陵兰冰盖的融化速率下,区域海平面变化主要受动力海平面变化影响;在更高的融化速率下,动力海平面变化在大西洋西北地区最强。

来自格陵兰冰盖的大量融水进入北大西洋后,会导致经向翻转环流的强度显著减弱。融水会使北大西洋近极地海域的表层海水变冷和变淡,伴随着该海域的海水热量不断向大气扩散,海水的密度会变大;密度大的海水向深层下沉,同时向南传输,最终在大洋的其他海域上升。

格陵兰冰盖融化速率的差异对热比容海平面变化的影响存在显著差异。当冰盖消融速率较小时,其物质亏损只会影响北大西洋的海平面变化;随着消融速率增大,继而会影响北冰洋、南大西洋、太平洋和印度洋的海平面变化。随着消融速率增大,盐比容海平面在北冰洋、格陵兰岛南部和大西洋副热带东侧海域表现出显著的上升趋势,在欧洲北部沿岸和格陵兰岛南部上升的最快,这是由于格陵兰岛冰川的快速融化导致大量淡水进入了北冰洋和北大西洋;在大西洋 45°N 附近和热带大西洋海域,盐比容海平面显著下降,这主要是由于大西洋经向翻转环流减弱导致向北和向南的热盐环流减弱(李娟等,2015)。

目前关于冰冻圈对海平面变化影响的研究,IPCC 评估报告的结果最为权威。若不考虑陆地水储量变化对海平面变化的影响,海洋热膨胀和冰冻圈这两大因素在人类工业化革命以来对海平面变化的贡献各占一半。未来,随着海洋热膨胀对海平面变化贡献的减小、冰盖贡献的增加,冰冻圈尤其是高纬度冰冻圈变化对海平面变化的贡献将大于热膨胀。

参 考 文 献

陈立奇, 高众勇, 詹力扬, 等. 2013. 极区海洋对全球气候变化的快速响应和反馈作用. 应用海洋学学报, 32(1): 138-144.

丁永建, 张世强. 2015. 冰冻圈水循环在全球尺度的水文效应. 科学通报, 60:593-602.

丁永建, 张世强, 陈仁升. 2017. 寒区水文导论. 北京: 科学出版社.

李娟, 左军成, 谭伟, 等. 2015. 21 世纪格陵兰冰川融化速率对海平面变化的影响. 海洋学报, 37(7): 22-32.

Broecker W S. 1987. The biggest chill. Natural History Magazine, 96: 74-82.

Broecker W S. 1991. The great ocean conveyor. Oceanogr, 4: 79-89.

IPCC. 2013. Climate Change 2013: The Physical Science Basis. Cambridge University Press.

Kopp R E, Mitrovica J X, Griffies S M, et al. 2010. The impact of Greenland melt on local sea levels: a partially coupled analysis of dynamic and static equilibrium effects in idealized water-hosing experiments. Climate Change,103:619-625.

Leclercq P W, Oerlemans J, Cogley J G. 2011. Estimating the glacier contribution to sea-level rise for the period 1800-2005. Surveys in Geophysics, 32: 519-535.

Schmitz W J. 1995. On the interbasin-scale thermohaline circulation. Reviews of Geophysics, 33:151-173.

思 考 题

1. 冰冻圈变化对大洋环流的影响机制是什么?
2. 山地冰冻圈变化对全球海平面上升的贡献如何?

延 伸 阅 读

丁永建, 张世强, 陈仁升. 2017. 寒区水文导论. 北京: 科学出版社.
丁永建, 效存德. 2019. 冰冻圈变化及其影响综合报告. 北京: 科学出版社.